Insight

科技老鳥30年
陪你飛一程

職場真心話

超過40篇精彩故事＋大膽表露的真心建言＝職場求生祕笈

夏研——著

三民書局

國家圖書館出版品預行編目資料

陪你飛一程:科技老鳥30年職場真心話/夏研著.——
初版一刷.——臺北市: 三民, 2019
面; 公分.——(Insight)

ISBN 978-957-14-6651-4 (平裝)

1.職場成功法 2.自我實現

494.35 108007705

© 陪你飛一程
——科技老鳥30年職場真心話

著作人	夏 研
責任編輯	范庭鈞
美術編輯	郭雅萍
發行人	劉振強
發行所	三民書局股份有限公司 地址 臺北市復興北路386號 電話 (02)25006600 郵撥帳號 0009998-5
門市部	(復北店)臺北市復興北路386號 (重南店)臺北市重慶南路一段61號
出版日期	初版一刷 2019年6月
編號	S 586390

行政院新聞局登記證局版臺業字第〇二〇〇號

ISBN 978-957-14-6651-4 (平裝)

http://www.sanmin.com.tw 三民網路書店

推薦序　為天地立心，為生民立命，為往聖繼絕學，為萬世開太平

夏研兄是我建中畢業同一屆不同班、原本不認識的同學，一直到一年多前在一個我演講的場合，我們第一次彼此介紹，卻是一見如故，也許是當晚我用宋儒張載的「為天地立心，為生民立命，為往聖繼絕學，為萬世開太平」作為結尾，讓我們惺惺相惜、彼此鼓勵。

之後他主動約我，和一些建中的學長學弟們餐敘，一起聊聊如何運用我們這一代的資源來幫助下一代的年輕朋友。在餐敘中，我們聊了很多事，卻沒有太多時間聊到我們自己和過去的經驗，直到近幾年透過他臉書的文章，在字裡行間，才慢慢瞭解他敏銳的洞察力和自然天成的文采，能夠結合科技與人文素養於一身，令我佩服不已！

這次非常榮幸受夏研兄邀約，為他這本《陪你飛一程：科技老鳥30年職場真

心話》的巨作寫序，雖然我們建中畢業後，求學、職場的經歷有很大的不同，也許是我們生長在同一個年代，也許是他字句中帶著淡香深意的人生智慧，這本書讓我一讀就不能自已，尤其是在每一段落的「老鳥真心話」，其中語重心長的話語，總是能打動我的心，盼望著能夠幫助職場年輕人的愛心躍然紙上。

這本書以「易經乾卦」為軸，《易經》乾卦的經文中寫到：「乾，元亨利貞。初九，潛龍勿用。九二，見龍在田，利見大人。九三，君子終日乾乾，夕惕若，厲无咎。九四，或躍在淵，无咎。九五，飛龍在天，利見大人。上九，亢龍有悔。用九，見群龍无首，吉」。從第一章的「潛龍勿用」到最後第八章的「群龍無首」，夏研兄從年輕時期的「初生之犢」到看盡風華後的「人間盡青山」，描述他一生職場的經驗歷練。

絕大多數的畢業生，在進入職場前，對職場的狀況一知半解，只能透過學長或長輩的口中瞭解皮毛，如他所說的，其實職場和高爾夫球場一樣，是上天賜給每個人最公道的十八洞，也許我們每個人因為身家背景不同，擁有求學資源不同，雖然同時離開學校，卻在職場起跑點上有所不同，但是只要我們願意學習，如同龜兔賽跑般，照樣可以在自己不同的十八洞，善用自己的天時、地利、人和，活出自己獨特的職涯。

夏研兄的職場故事與我職場的經驗有許多相似的地方，舉例來說，書中第一個「老鳥真心話：瞭解遊戲規則是菜鳥生存的第一件事」，提到的設計文件讓我感觸很深，我自己在惠普 (Hewlett Packard) 半導體實驗室的工作，有一部分是負責撰寫零點三五微米技術的設計文件 (Design Manual)，對一個研究技術人員而言，撰寫設計文件是一件看似無聊、缺乏意義的工作，直到數年後（一九九八年）我輾轉回到臺灣台積電負責零點一八微米的研發技術工作時，才赫然發現當年在惠普的設計文件經驗，變成我重新架構台積電研發制度方法最直接派上用場的經驗和工具，也發現當年在惠普參與的基礎工程，是我打造台積電研發系統最重要的經驗。

此書描述一個年輕人加入職場後三十年來的經驗，臺灣許多產業在這三十年中從無到有、變化很大，許多企業長大後，慢慢地將人才資產當成人力資源、僅僅是人事成本的一個單位。這些年我常從年輕朋友口中聽到：「上一代既得利益者剝奪了他們的資源和機會」，但卻同時在矽谷看到年輕世代，不斷地創造新的產業，革命性推翻、改變上一代的產業。

每個時代都有每個時代的際遇，如同夏研兄所言：「面對問題始終是唯一的辦法」，我在臺灣職場中，也常常奉勸年輕朋友，無論職場的環境如何不堪，千萬不要有「在五斗米中折腰」的心態，而是要在五斗米中不斷地學習，培養解決問題的能力，才能在職涯中累積自己的能量和市場價值，才是愛己愛人的根本之道。

這本書藉著歷史的經驗和《易經》的軸線，講的是放之四海皆準的原則，盼望讀者們都能夠在當中找到自己的例子，應用在自己的身上，讓歷史不再只是一連串重複出現的事件，而是可以在當中學習，在當中見賢思齊，避免重蹈覆轍，才不負夏研兄寫這本書的心意。

管理顧問、前台積電研發處處長　楊光磊

一推薦序一 讀《陪你飛一程》，飛翔於民國學案3.0的世界

建國中學學弟夏研將委由三民書局出版《陪你飛一程：科技老鳥30年職場真心話》一書，囑余為序，我深感榮幸。近數年來，我和夏研有許多「交集」：一、「同樣熱血、公益」，花了一年多免費為母校建中校友會製作網站；二、同樣「被離開」了繼續為建中校友會服務的行列，而感到非常「委屈」，體會到江湖多風險；三、夏研玩程式設計、我玩法律設計的專業外，我們同樣酷好文史，初老了，同樣還繼續「為天地立心，為生民立命，為往聖繼絕學……」所迷，我在搞臺灣鵝湖書院，他寫了這本《陪你飛一程》。

環顧臺灣及周邊的世界，在短短六十年裡，經歷了三波浪潮的變動：農業社會（1.0）、工商社會（2.0）、資訊數位社會（3.0）。我比較遲鈍，仍停留在1.5版，夏研已經直接飛翔了三十年的3.0版，在資訊數位的職場中橫行了三十年。這不同的「浪」與「浪」之間，「位能」蘊含著豐富的「社會瀑差價值」（其實，卡爾・馬

克斯（Karl Marx）說的「剩餘價值」只是小事），有資金、技術等等資源的人，能掌握「浪」與「浪」間的瀑差價值，即得形成巨富。雖未至巨富之人，亦近富或見富矣，夏研也是在這3.0的世界裡飛翔超過三十年，看多了，才寫得出本書，值得想在3.0世界甚至飛向4.0世界的年輕聰明朋友，作為「易經」，好好練一下功夫，設法能青出於藍而勝於藍，再往更高的境界打望！

四月二十四日晚間我聆聽前行政院院長張善政演講「為下一代孩子的競爭力擔憂」，張院長認為「下一代孩子的競爭力在於從小培養數位能力、寫程式的能力」。誠哉，斯言！建中校友張院長的呼籲，再度證實了夏研飛翔於3.0世界三十年的價值，並且把它寫下來的價值。這一本《陪你飛一程》值得有志、有識之士，捧來好好讀通。夏研說：「……在浪間穿梭，偶而也有馳騁的快意，但大多數時候，必須盯住眼前的浪，在市場和技術快速變化中保持平衡。眼睛的餘光，還必須關注即將湧上來的新浪，在失去平衡之前及時躍上」，在在教年輕人「盯住眼前的浪，還要餘光關注即將湧上來的新浪，在失去平衡前，及時躍上」，多好的描述！這是一本「易筋經」。

我就是沒有能如夏研的眼光走在3.0的世界，才走到1.5的世界，卡在農業社會與工業社會之間，那是我年輕時誤認3.0世界只是2.0世界的一部分而已。如今知錯，但已來不及趕去3.0了，我只好再往1.0世界的前面段落再看清楚一點，當我看到明末清初黃宗羲編寫的《宋元學案》、《明儒學案》及民國三大儒之一錢穆所編寫的《中國近三百年學術史》（清朝學案）時，我已經能夠看得更清楚。這三部大書記載了自公元一〇〇〇年至一九〇〇年九百年之間一千多個大儒的傳記、學術言論要旨，人間如無此類文字記載人類的故事，則人與大象、獅子、猩猩又有什麼區別呢？因此，當代的我們需要編寫「民國學案」！留下民國的人物與故事，而夏研的大作《陪你飛一程》一下子進入了民國學案的3.0版，在「民國學案」的1.0版、2.0版尚未寫全之前，就有了夏研的3.0版，令人驚喜！還好，因為有我往1.0前面看，我才看清楚了，是樂為之序。

律師、臺灣鵝湖書院創辦人　呂榮海

自序——如青苔一般

四月初春，梅雨方歇，在上海往北京的高鐵上，遇到剛從臺北到中國打拼的年輕人。聊了幾句就發現曾經同為紅樓過客，不覺談了一路。他的眼神裡有對遠方的期待，更多的是對未知的茫然與焦灼。四百年前，美麗之島的祖先們為了活得更好，吃得更飽，悲情的橫渡黑水溝，四百年後我們以一樣的勇氣，離鄉背井，回到這葉地理課本上的秋海棠，行囊裡有些什麼呢？需要些什麼？

車窗外一輪明月跟高鐵保持著同樣的速度，月娘啊，是否可以為我們指點迷津？

走出北京南站，迎向人海，我們交換了微信，互道珍重，其實彼此都明白相逢無期，一種難以言喻的悲涼掩殺而來。

臺北這兩天下雨，撐不撐傘都很尷尬。然而我最喜歡這種雨天，跟自己的心境很合拍。大部分的時候，我就是這麼不上不下的活著。理想早已逐漸遺忘，像無緣卻依然戀想的青梅竹馬，偶爾在路上遇見，互道珍重其實是有點矯情，別過頭去，彼此都有一點悵然。

人到了某個階段，經過了些風風雨雨，明白了一些人、一些事，會期待一種屬於自我的理解。年輕時就發現自己的軟肋，是怕失去一種自我標籤。曾經大言不慚的說：「我能接受你不喜歡我的設計，但是不能說我的設計沒有風格。」

然而什麼是風格呢？我以為的風格需要孤獨為基調，思考作為主旋律，偶爾的挫折為裝飾音。感動一方面來自共鳴，一方面也來自一種對風格不同的讚嘆。從不依附品牌，生命依舊必須精彩。

逃離攀附不僅僅是勇氣，還是初老男子一種必須的品味。

下了通勤的巴士，轉文湖線之前，一杯特調咖啡，一個花生貝果，開始我的一天。通常這是天氣不好的時候，也是我開始嘗試跟自己對話的時候。

這些年如麻瓜般在職場的浪間穿梭，偶爾也有浪端馳騁的快意，但大多數時候卻是必須盯住眼前的浪，在市場與技術的快速變化中保持平衡。眼睛的餘光，還必須關注即將湧上來的新浪，在失去平衡之前及時躍上。

上班前也要像一般上班女郎一樣塗脂抹粉，努力做一個專業的演員。朝九晚五，劇本類似，對白雷同，雖說為五斗米不得不折腰，對自己的一肚子雪月風花，有時不免略感歉意。

我們喜歡學習偉大的思想家、哲學家，常常問自己為什麼要活著，似乎人生下來就是要達成某種神聖的使命。初中時看到國文老師在黑板上寫下宋儒張載的「為天地立心，為生民立命，為往聖繼絕學，為萬世開太平」，內心激動不已。似乎已經有偉大的先聖先賢，替自己立下了人生努力的方向與目標。

從一個手無縛雞之力，言不及義的文青，到天天打拼，爆肝邊緣的工程師，再蛻化成一個戴著面具，裝模作樣的專業經理人，這條路我走得跌跌撞撞。日漸蒼老的軀殼下，剩下微微跳動的心。還有一點點自以為是，就跟青苔一樣，憑藉的只是一點頑強。

青苔是一種非常非常古老的生物，它需要的水及陽光極少，可以生活在極為惡劣的環境中。地球上這麼多物種滅絕了，青苔會不會問自己，它生存的目的是什麼呢？晚近接觸到佛學，看到「堪忍」二字。以佛的角度而言，人生最多也就是「堪忍」而已。青苔應該是堪忍中之堪忍吧。青苔般的攀附在濁世的我，細數過往，支撐我走過來的其實是一種「天奈我何」的白目吧！

每個人都有一個隱藏的世界，在這個世界裡語言文字都不是溝通的必要條件，中文裡有「心有靈犀」四字在描述這種狀態。人類創造了很多字彙來形容人生的行為和狀態，有名詞、動詞、形容詞、副詞等等。為了讓你瞭解，也只好用這些字彙來說說我的故事，當真是一種無可奈何的事。

也許有一天有一種儀器，像X光一樣，掃描一次就可以把一生的悲歡離合轉換成文字，人與人依然各有背景，各自以自己的方式理解朋友和敵人。上世紀七〇年代有一首歌〈Sound of Silence〉，如果你聽過，也許可以更瞭解我要說的故事。

我們習於用一個大家理解的方式展示自己，但是卻也習於用隱晦的方式理解別人。藉有敘無真是一種莫可奈何。當有人可以把內心的世界赤裸裸的揭露時，我們給予掌聲或噓聲。這些掌聲或噓聲只是在生命河流之前，訴說一種難渡彼岸的局限而已。

你我有緣，這些於我已是煙塵舊事，書中人物似假還真，自非純屬虛構。對於你也許就是現在進行式或者是未來式，只是換了個不同的名字而已，同樣日日夜夜與你血肉之軀短兵相接的周旋。

穿越劇裡的「信號」——心意如果真誠，自然能找到方法傳遞。假使你看過這部韓劇，相信你會懂的。

僥倖或者還能還自己一點清白。

夏研

二〇一九年五月

目錄

第二章　見龍在田

第四章　或躍在淵

第五章　飛龍在天

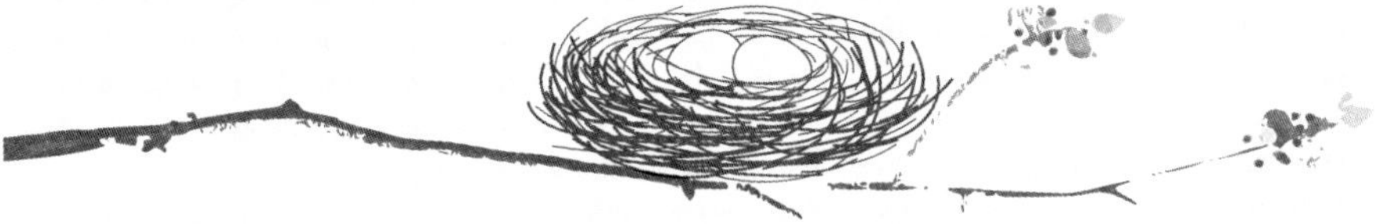

第一章

潛龍勿用

你從學校畢業了，即將進入職場，不管是成竹在胸或者是徬徨猶豫，你都必須明白你再也不是那個自由自在的學生。在學校時可能會翹課，考試時也許會作弊，在職場裡這些過去的生存方式都必須放棄。甚至在課堂裡學習的所謂知識，在通過公司面試之後只是背景，你必須忘掉你的成績單，書卷獎或重修都只是過程，新的考驗就在眼前。你要有心理準備，這是一場超級馬拉松，會有高山峻嶺，會有小橋流水，會有炎熱的沙漠，會有橫阻的急流；有時你有同伴，更多的時候你是獨自一人。

如果夠幸運，也許會有老鳥帶著你飛行一段，但是你心理上要做好單飛的準備。不會有迎新舞會，前方只有炮火等著你。戴好鋼盔，拿好你的武器，準備放手一搏吧。後方還會有暗箭，你的背後當然還沒有眼睛，因此需要開始培養一種直覺，從現在開始。

歡迎加入青苔俱樂部，做一個謙虛又有自信的職場新鮮人吧。潛龍勿用，累積自己的能量，靜待適當的時機一飛沖天，不鳴則已，一鳴才能石破天驚。

一九九五年春天

這一年微軟推出 Windows 95，隨機附上 IE 瀏覽器，網際網路對資訊市場造成巨大衝擊，先前開發的軟體，紛紛從微軟平臺上消失，微軟帝國逐漸形成。在此同時，移動通訊如黑潮暗潮洶湧，許多人並未察覺，有些人已經蓄勢待發，準備縱身一躍。

守則一　每個人都有自己的十八洞。

每個人成長背景不同，生命經驗也不同，但是一樣都面臨著世間種種的磨難和試煉。有的人天賦佳、條件好，很快的找到方法一路過關斬將，成為人生勝利組。大多數的人像我，揮了好幾桿，好不容易上了果嶺。在每一個球洞前左一桿、右一桿，最終球自己都不好意思了，終於滾進去。球進去了，人還站在果嶺上，我們學到了什麼？每個球場的地形地貌都不一樣，每一個洞的球道也不一樣，唯一相同的也許是都有十八個洞。

地獄有十八層，職場上爾虞我詐，拼搏慘烈亦如無間地獄。人生的高爾夫球場有十八個洞，通常是綠草如茵如天堂一般，卻也步步陷阱，佈滿沙坑矮林。然而無論是地獄或天堂，職場或人生，自始至終，你我都需一人走過。愛因斯坦有句很有名的話「上帝不會跟人類擲骰子」，這位二十世紀最偉大的物理學大師，到底要傳達什麼訊息？

老天是很公道的，但是要祂是很公平的，那似乎也太強人所難了。公道是每個人都有十八個洞，如果這十八洞代表一個職場學習成長的歷程，如何以輕鬆自然的姿態完成，始終是一項無法逃避的挑戰。公平是要每個人都跟年輕時的老虎伍茲(Tiger Woods)一樣，我們都知道這是不可能的事，連伍茲自己都沒辦法保證球技與體力始終如一。

職場上沒有公平，只有公道，我們無法選擇的，都必須面對自己面前的十八洞，用自己的方法和姿勢，靠著自己的力量蜿蜒前行。人生的意義何在？等你打完也許你終於能明白，如果還是不明白，繼續下一個十八洞。

佛陀說這就是「輪迴」。這就是你我真實的職場人生。

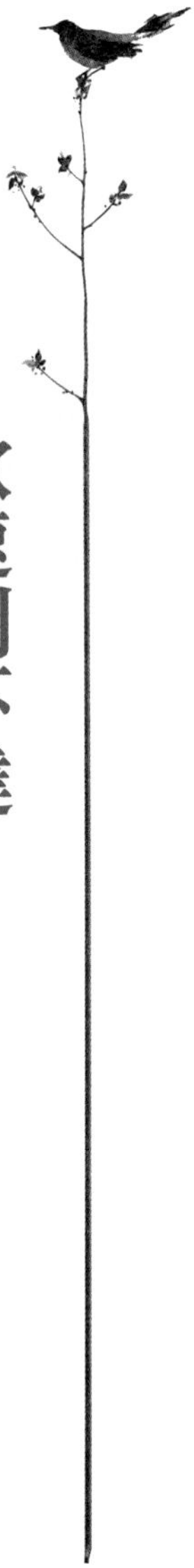

欲速則不達

我在研究院時，是從影印開會資料開始學習的。

初選時其實已經挑過一輪，估計也已經完成身家調查。面試時的問題很簡單，雖然不至於到放水的程度，擺明了就是要讓你過關。因為國防建設的需要，我們被國家招募進入研究院，青春正茂，前程似錦。

老闆精明幹練，看不出來年齡，是院裡的明日之星。指派我們的工作職稱都很嚇人，掛著各分項的負責人，工作內容卻極為簡單卑微，實際就是各單位間跑腿。前輩們大部分是學長，他們顯然承擔著真正的研發工作，我們這些菜鳥們只是介面，在各單位間串來串去，負責協調溝通。每天在出入影印間時都會問自己：這是我要的工作嗎？其實不只是我一個人，那是那時候所有同梯次的新人共同的疑問吧……於是開始有人離職，原因大部分是出國讀書。出國於我就是個妄念，從來不在我的人生計畫中。

老闆有一天在跟其他單位主管閒聊，說到我們的工作，嗓門提高了些，似乎有意要我們聽到。

「系統工程啊，就是倒茶掃地啊！連倒茶掃地都幹不了，還能做什麼？你以為簡單啊，裡面都是學問啊！好戲還在後頭呢。」

不知道其他同仁怎麼理解這番話的，但是從那個時刻起，我對這些瑣碎的工作升起敬畏之心。這句話讓我深刻的體會到人生的風風雨雨，就在不遠的前方等著考驗我們。

戲棚下站久了，終於有機會上臺跑跑龍套。三五年之後，研究院開始了規劃已久的計畫，需要補充一些新血外派至美國，參與一項未來的武器系統整合開發。

那時想走的人都走了，剩下來的我們是特別能吃苦的一群人，或是因為經濟條件限制，無處可去的人。

對於我而言，那是人生的第一洞，初生之犢不畏虎，白目上場。

第一次搭飛機，華航的華夏艙，抵達洛杉磯 (Los Angeles) 時，傍晚的陽光仍然非常耀眼。長官來接我們幾個菜鳥，一邊開車，一邊跟我們說明美國的交通規則，把我們唬得一愣一愣的。那個年代大部分年輕同仁並沒有車，也沒有駕照，我每天都是搭研究院的交通車上下班。那天午後，在高速公路上疾馳，聽到黑人歌手史提夫·汪達 (Stevie Wonder) 的新歌，命運使然，謹小慎微的我竟然也踏上了美國的土地。

和一位較資深的同仁被分配到一個住處，裡面已經有兩位前期的軍方同仁，我們四人負責同一個項目，住在一起，出入也比較方便。每天我們就像一串螃蟹，同進同出。晚上吃飯極其規律簡單，幾十個人都在社區附近的中國餐廳包飯，圓桌可坐六到八人，大家雖說是隨意坐，但是我們還是等學長們入座才穿插著坐。

菜色極為簡單，應該廚子也就是會做那幾道菜，或者是預算限制。不過也沒什麼人抱怨，至少比天天吃麵包牛奶好些。

進入技術轉移的公司工作，需要通過層層關卡，連上洗手間都要有人陪伴，防止我們亂闖。我負責的部分是瞭解系統運作時，計算機與周邊的資料傳輸方式，進行效率優化與模擬系統設計。

對我最大的挑戰是，他們採用的技術是教科書上沒讀過的。我曾經問過這個問題，指導我工作的老外比我大不了幾歲，聳聳肩，問我大學讀過的是哪些書？笑笑的說其中一本資料結構引用的範例，是以前他研究所時寫的論文。我其實將信將疑，但是當時也只能乖乖聽著。

討論完分工之後，我問他什麼時候開始整合測試？他說三週後，我說這種簡單的功能需要那麼長的時間嗎？他從抽屜裡拿出一本大約兩三百頁的文件，悠悠的說，你要先看完這一本軟體設計規範，才能開始進行軟體設計。

我開始一頁頁閱讀、做筆記，回到大學生時的狀態。其實大學時我是控制組的，學的都是數學，沒怎麼寫過程式，大學時寫程式上機還是用卡片，命運的安排讓我遇到日後安身立命的工作。那年我二十七歲。

軟體設計規範非常詳盡，從軟體概念設計到程式如何撰寫的範例，細到程式變數宣告方式與規則，連註釋怎麼寫都有規定。開始是覺得老外開發軟體真的是太龜毛了，後來再看到他們寫的程式，每個人寫的都依照設計規範，條理分明，十分易於瞭解與維護，突然有一種豁然開朗的感覺，原來學問就在這本軟體設計規範之中。

一週後我努力的讀完了，準備開始寫程式，老外問我設計文件跟自我測試方法是什麼？我說邊寫程式邊寫啊，他用很犀利的目光跟我說不行。於是又花了一個星期，跟他討論所有設計細節與測試條件，才開始動手寫程式。

結果果然是三週。這整個過程給我很大的啟發，也改變了我對軟體設計的根本思維。「學以致用」四個字，在那段日子裡讓我有機會反覆驗證。書本上寫的是可以用在工作上的，而不是一段文字而已。

老鳥真心話

瞭解遊戲規則是菜鳥生存的第一件事。

在開發軟體的過程中，發現大部分的臺灣或中國的軟體工程師，通常不喜歡寫設計文件，連程式碼中的註釋都不願花時間寫。或者是不願意寫測試方法，隨便測試一下就以為工作完成。看起來開始的開發速度很快，結果是漏洞層出不窮，收斂的速度很慢，有時候甚至收斂不了。

根本的原因就是，不願靜下心來好好研究規格需求，把設計邏輯規劃清楚，寫好測試方法和步驟。這種心態與習慣，其實在學校教育時就需要養成，但是我相信學校的老師並沒有這樣要求。如果可以從實驗報告開始要求，可能可以改善這種現象，建立起良好的設計習慣。習慣往往決定了征途上是否坎坷。

大智若愚

前一批學長要回國了，我們馬上面臨交通問題。必須要有人會開車，而且要有美國駕照，這種勤務當然是菜鳥要負責。第一關要有「學習駕照」才能上路練習，學習駕照要先考筆試，筆試要讀一本交通規則。我們不用，由於聯考制度對我們的重大啟發，經過幾代學長們的傳承，交通規則的筆試竟然已經有考古題。

記得當天去考試時，旁邊的老美、老墨拿著筆喃喃自語、抓耳撓腮。不到十分鐘，幾個老中刷刷刷，紛紛交卷。中華文化的博大精深哪裡是他們可以瞭解的。

有了「學習駕照」就可以準備上路，臺灣有所謂教練場，美國的教練場就是偏僻的馬路。教我開車的是位老先生，他把車開到我工作的地方，上班時間學習開車是菜鳥任務之一。他問我以前在臺灣開過車嗎？我說沒有。他說很好，還說這樣就不會有錯誤的駕駛習慣。

「那你坐上副手座，我們開始吧。」然後載我到郊區，下車，交換座位。告訴我這裡是方向燈、這是煞車、這是油門、只能用一隻腳踩，不能一隻腳踩煞車，一隻腳踩油門……綁好安全帶，上路。

開了一小段，他很客氣的要我靠在旁邊，問我為什麼要把車開在分隔線的中間，而不是分隔線的右邊？我理直氣壯的說，臺灣開車都是這樣啊。說完我才想起一直以來都是搭公共汽車，鄉下路窄，公車常常開到路中央。老先生說，你沒有讀交通規則嗎？我不好意思的說，沒有。他大驚失色，立刻拿出交通規則給我看。說這本交通規則送我，一定要好好讀。

其中有一條規則我至今仍覺得很神奇，就是在路口交通號誌故障或沒有號誌時，車輛通行次序是必須完全停止，所謂 Full stop，然後誰先到誰先走。我和同仁討論了半天，這是什麼鬼規則啊？然後有一次真的遇到了，老美真的按照這樣的規則一部部依序前進。有時在臺北遇到紅綠燈失控，車輛在十字路口打結，我就會想起這個有智慧的笨方法。

這幾十年來我幾乎沒有出過車禍，但是有時候會因路口的 Stop sign 被後面的車按喇叭，都要感謝這位我忘了名字的老先生。

老鳥真心話

遵守遊戲規則是菜鳥生存的第一件事。

需要遊戲規則的原因是，大部分的公司都是團隊協同作戰，學習正確的遊戲規則，並且把它融入工作中是菜鳥的入門心法。有的遊戲規則看起來十分費時費事，甚至看起來愚蠢，可是卻是前人反覆淬鍊後的最佳路徑。創新的基礎必須建立在對既有規則背後精神的澈底認識。

老鳥跟菜鳥的最大差別就是，正確的工作習慣與對遊戲規則的掌握與體會。在羽翼豐滿之前，觀察老鳥如何起飛、展翅、俯衝、捕捉獵物、躲避猛禽、安全降落，是初入職場的一門好功課。

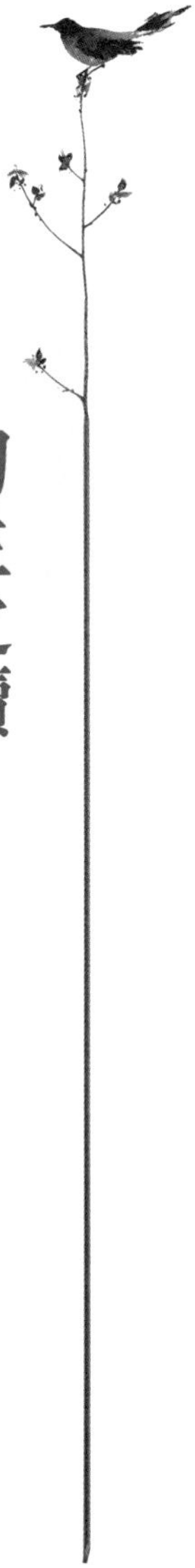

初生之犢

那時候我在研究院已經是老鳥了。十二年是一個挺漫長的時光，對於大學畢業就進入這裡工作的我，那幾乎等同於我的青春。

吳翔找我時，我其實有點受寵若驚。

他多年前離開研究院進入產業界，據說在外面新興的網路世界，已經闖出一片屬於自己的天空。當年是我們這些菜鳥們一致仰望的對象，屬於研究院軟體中心神人級別。在學校裡學的計算機組織、資料結構、作業系統等等，以為是紙上談兵、遙不可及、高不可攀，在他神奇的領導指揮之下，平行的與國外廠商同步開發，發展出一套與實戰幾乎一模一樣的訓練模擬系統。

我們還是菜鳥時，解析他的程式架構，你看我，我看你，彼此都承認自己一輩子也寫不出這樣簡潔漂亮的程式。吳翔用他架構的軟體系統告訴我們，一樣在天空飛翔，但是我們跟他是在不同高度。那時候特別喜歡改前輩們的程式，改完後發現測試結果較為優異還會沾沾自喜，自我吹噓一番，只有吳翔的程式大家都不敢動。不是膽子小，而是能力問題。

＊＊＊

「夏研，這個案子是電視臺一個新節目中要用到的特殊效果，希望能把中文字一筆一劃，按筆順要求的速度顯示，你有多大把握？時間比較趕，十五天夠嗎？」

吳翔以一貫清晰的語調敘述完功能需求，在他的辦公室裡看著有點緊張的我，「我公司現在人手不夠，這個案子打算外包，價錢你要自己談，我不插手，如何？」

在前輩面前，在適當的時機，顯露出自己的潛力與積極度，是菜鳥出籠法則第一條，我怎能錯過。

「副座放心，三天內我可以完成技術可行性分析，十天之內估計可以完成。」

吳翔微微一笑：「這是我現在的名片，沒人叫我副座了。」

我接過名片，瞄了一眼，趕緊跟上一句：「是的，副總。」

「我相信你可以，要不然也不會找你，但是這完全是你自己的決定，跟以前在研究院不同，沒有人會在上面幫你扛著，你明白？」

「謝謝副總。」

離開他的辦公室時，一九九五年的初春寒意料峭，扛起我的背包，未婚妻焦急的眼神迎面而來，我感覺手腳有點冰冷，頭卻還是熱的。

我帶著她走進電梯，公司櫃檯小姐禮貌的起身說：「夏先生慢走。」

「再見。」肯定我會回來，以我特殊的飛行姿勢。

那天穿過民生東路，走到路底的牛肉麵店，點了一碗牛肉湯麵、一碗麻醬麵、一碟豆乾海帶。為了讓她放心吃麵，記得我跟她說，我已經想好要怎麼做！其實心中沒有十足的把握，只感覺到一道微微的光。

她問我：「幾天？」

「五天吧！」

「真的？」

用了三天做完技術可行性分析，五天後在吳翔面前說明完畢，他滿意的說似乎可行。

「副座，我已經設計完成。」我平視著他。

吳翔那道銳利的目光，我終生難忘。而當時我並沒有閃避。

看完展示之後，他問我：「有沒有興趣出來跟著我幹？現在機會挺不錯，你想想。還有還是叫我 Simon 吧？」

我下樓前已經想好，下樓後不禁拉著未婚妻，「我們吃牛排去吧！」

「怎麼付錢？」

「刷卡啊！」

電視公司給我一張支票，上面的數字吳翔從來沒問，他應該也不知道。江湖行走，成交的真實數字，只有自己跟客戶知道就可以，這是一種江湖的禮貌跟規矩。

軍師可以聯盟，殺手當然可以，三個月後我走在吳翔的右後方。介紹我時他總是很簡單：「電視臺的案子就是他搞定的，五天。」

我不用多說什麼，看殺手群們投射過來的目光我就知道，朋友不多，敵人不少。這些朋友最終各奔東西，再也沒有聯絡，有些敵人後來變成戰友，甚至朋友。

記得那一年的春天，櫻花開得特別燦爛。我的心因此感受到，一種被美感澈底包圍的幸福感覺，這種氛圍跟我自身設計風格的孤芳自賞，交織成悲劇的序曲，只是我當時渾然不覺。

老鳥真心話

出手一定要在老闆面前，不是背後。但是不需要放慢動作，速度要大於人類的視覺暫留 30 FPS[1]。

老闆通常是聰明人，如果你果然是高手，一出手就知道你是不是個料，不需要藏著掖著。簡單的想像就是你是二度空間的生物，而老闆是三度空間的生物。

吳翔告訴我，行走江湖，對老闆要存有感激敬畏之心，第一他每個月發薪水給我，第二他讓我犯錯卻不用繳學費，第三他真的比較辛苦。我始終記得。

每次看「呆伯特[2]」法則笑完了之後都會想，這些沒良心的「呆伯特」們一定不是殺手。

❶每秒顯示幀數(Frames per second)。由於人類的眼球會產生視覺暫留，故當每秒顯示的影像幀數超過一定數量則會被大腦視為連續畫面。通常電影為 24 FPS，而 3D 電玩遊戲至少需大於 30 FPS 才能順暢進行。（參考自網路文章）

❷呆伯特(Dilbert)是美國漫畫家斯科特·亞當斯(Scott Adams)在一九八九年開始出版的漫畫跟書籍系列，由作者自身辦公室經驗跟讀者來信為本的諷刺職場現實作品。（參考自維基百科）

機會曾經如此靠近

那年秋天有一位來自矽谷的訪客，帶著他新的設計來訪，作品展開，風格非常獨特，全黑的網頁背景，文字圖像的設計無不恰如其分。

「我採用的是新的網頁設計概念，HTML web page。」設計師話語沉穩，一身黑色的襯衣與西裝，沒繫領帶。沉著冷靜有如《駭客任務》中男主角的打扮。

「超連結即將改變網際網路的世界。擁抱這個事實，否則就是死路一條。」他說這句話的時候，有如一個信仰虔誠的傳道人。

會後吳翔問我看法如何，我建議如果可以投資就一定要投資，如果不行，我們的技術一定要大幅度轉向急起直追，否則將來肯定會後悔。

那一年，網路瀏覽器剛剛起步，我們必須放棄過去自己定義的資料格式與開發技術，擁抱新的共同標準規格。方向完全正確，新征途的工具和團隊能力卻沒有能夠跟上來，那是一隻小白兔誤入叢林的開始。

多年後到舊金山灣區出差，吳翔已經離開公司回到美國工作，我懷著報知遇之恩的心情去找他，說要請他吃飯。飯後喝著咖啡，他跟我說了一句話，意味深長：「成功像 AND gate❸，需要每一個 bit 都是 1，失敗只需要一個 0。」

當年的那個 0，是我第一次信心滿滿的站上球道，揮桿的瞬間我仰頭望向天空，希望球能穿越沙坑直上果嶺，它卻依照物理定律落入樹林，我再也沒見過它。高爾夫球手必須要有不同長短、質地的球桿以處理不同的情況，而當時的我只有一支鐵桿，誤以為武俠小說中的「惟快不破」是唯一心法。

❸邏輯閘中的一種，其他尚有 OR gate、NOT gate 等等，AND gate 表示只有在輸入均為高電壓(1)時，輸出才為高電壓(1)，否則即為低電壓(0)。是故作者才做此言。（參考自網路資訊）

我記住他這句話，他說完堅持要付帳，跟我輕輕握握手後轉身離開。

老鳥真心話

導師之必要。

在職場中一定要有幾位導師，遇見問題時可以請教可以討論，新手上路尤其是如此。多年的實戰經驗總是告訴我，自己的思維具有很大的局限性，如何跳脫這種限制，導師扮演非常重要的角色。模擬如果是導師遇到現在的處境時會如何處理？這種練習非常之必要。重點不在結果，重點是可以讓我們暫時抽離當下的困局，以不同的角度或高度看待問題。

導師也許是今人，也可以是古人。在不同的工作階段會有不同的問題，因此需要不同的指引。我自己的經驗是導師有方法上與心靈上的區別。方法可能側重在實際問題的解決，心靈則是以深層的職場心理或者是情緒管理問題為主。

換位思考是一種克服自我偏執的方法，也是走出情緒低潮的好方法。常常在被老闆或客戶修理時，站在他們的角度看自己，你會明白許多沒有人可以教你的事情。

如果真的找不到導師，建議你不妨讀讀「心經」之類的，這些先覺者的智慧有時具備神奇的力量。管理大師們的書，什麼語錄之類的，我個人覺得在書局看看就好。提醒你，我不是管理大師。

華山論劍

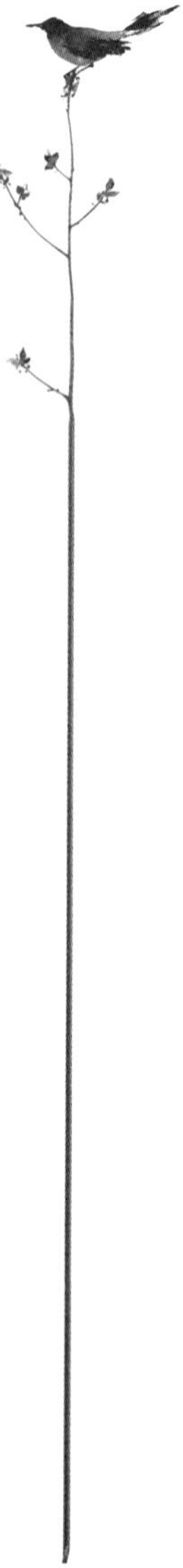

在那個年代，就是網路瀏覽器之爭。網路革命即將到來，只是當時沒有想到這場革命可以讓世界如此平坦。

我嚴重低估了 Windows 版瀏覽器的開發難度，與所需要的龐大研發資源。後來發現我們的競爭對手，已經不是臺灣的任何網路軟體公司，而是矽谷的大恐龍時，團隊的信心很快就隨著投資者退場而崩潰了。

過度強調技術創新而忽略市場周邊配合條件，帶給研發團隊嚴峻的技術挑戰，也造成開發時程嚴重的延誤。在網速還是龜速的「魔電[4]」時代，我們重兵投入的多媒體網路功能並沒有表現出產品的特色，反而因網路速度太慢常常讓客戶以為系統當機。

我們是臺灣第一，可是不是世界唯一，最後客戶以使用者體驗不夠好拒絕買單。

市場用它的詭譎地形，讓我第一次開球就進入球道邊的矮樹林，日後它繼續以不同的地形地貌考驗我。一個研發的技術人員，如果過度執迷於新觀念與新技術，卻沒有充分考慮市場周邊的客觀環境，與自身研發的現實條件，很容易做出曲高和寡，雷聲大雨點小的產品。我老老實實的上了一課。為表示對產品開發策略錯誤負責，我主動提出辭職，灰頭土臉，走得相當狼狽。

高手下棋其實不會走到殘局，棋藝一般的我，總要被將軍了才左閃右閃希望擺脫重圍，然而棋局勝負已定，困獸猶鬥只是耗盡力氣，一切枉然。這場博弈中，

❹即「撥接網路」，以本地電話線經由數據機連接網際網路，連線時會有聲響，且上網中便不能撥打電話，速度最快僅 56 kb，現已被寬頻網路取代。

我們始終沒看見對手，但是卻真真實實的一敗塗地。如果說有什麼收穫的話，應該是我從此明白，不能以臺灣為範圍界定敵手。當時的敵手也不認識我們這群臺北的年輕軟體工程師，隔著太平洋無情的擊碎我們。

資本市場一劍封喉，留下遍地散落的櫻花。錯失了技術變化的契機，櫻花的絢麗只有短暫的春天。做為一個當時的公司策略的執行者，我參與了決策錯誤而走上不歸路的過程。對我而言這是一個真確又血淋淋的教訓，付出的代價是我必須要轉移戰場。

團隊在公司策略改變下星散，一場「Taiwan Online」的網路青春夢就此結束。後來新浪網在海峽對岸掀起巨浪，我常常想起那位黑衣如墨，有如《駭客任務》中殺手般的年輕人。彼此錯身，只記得當年他眼神中流露的自信與我們的猶豫。機會來敲過門，只是我們選擇了站在窗後看著他離去。

老鳥真心話

經驗只是成功的必要條件之一。

經驗可以讓我們不會莫名其妙陣亡，可是要攻下山頭需要的不只是經驗。經驗可能更多的是讓我們避免陷阱，經驗的反面作用是會讓我們看不清楚機會。許多獲得巨大成功的公司，在企業轉型時會非常困難就是如此，成功有時候也是失敗之母。

堅持不斷的學習與反省，是連續成功的必要條件。一旦進入職場，就要保持謙虛的態度，觀察、思考、不能自滿於現狀。很快就會發現在學校裡學的不夠用，或者用不上，連作弊的本事都用不上。

菜鳥最大的優勢是可以有限度的犯錯，老鳥的好處是可以看到老闆犯錯，如果你已經是老闆，你最好能從你的競爭對手的錯誤中學習。

江湖裡沒有「運氣」這兩個字，我們會說「機率」。留給我們的問題是，多大的機率我們就應該果斷出手。這個答案留給時間告訴你。

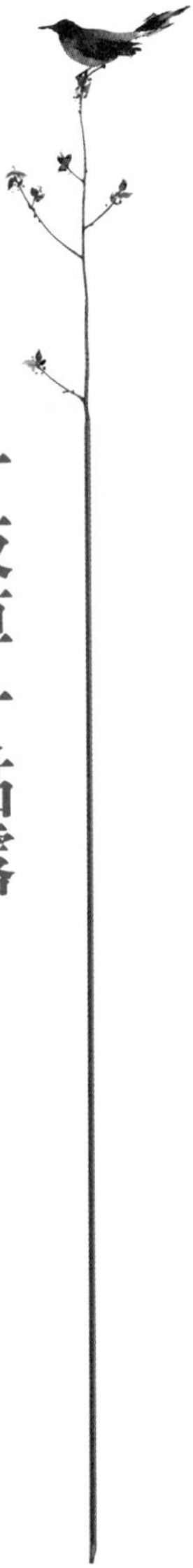

一枝草一點露

受了點皮肉傷，憑著一身輕功，我投身到正蓄勢待發的通訊明日之星Nova。當時Nova正準備開拓中國通訊設備市場，我的加入如虎添翼、正逢其時。網際網路正要迅速興起，語音的需求要快速過渡到資料傳輸的需求。其中需求成長最迅速的是中國。

一九九七年香港回歸，形勢詭譎，機會大好。第一次到中國，從深圳蛇口上岸。那是一個夏日的黃昏，工廠正好下班，工人大量的湧出，我腦海直接的映射是「高雄加工出口區」。今日你到蛇口，已是高樓林立，規劃猶如高科技園區，而高雄還是高雄。

合作的三個年輕人都不到三十歲，平頭，謙虛而有自信，剛從「華惟」離開。帶頭的卻最年輕，二十八歲，當年四川高考前三甲，中國科技大學少年班。如果要我回想這一生遇到最聰明的工程師，他肯定是前三名。

一般有個說法是普通軟體工程師可以駕馭的程式大約是三千行，好一些的可以到一萬行。當時我們要開發的通訊軟體協議是在通訊架構的第二、三層，估計要完成需要有二十萬行程式。此君可以獨力完成，他的名字我永遠不會忘記，他叫「雷博」。

此行我也帶著一個白衣少年，當年也是二十八歲，是在前一場戰場上唯一留在身邊的高手，百中選一的高手。交大資工所畢業的「蔣睿」，是建中數理資優班，他當時是在新人海選中脫穎而出，邏輯思維纖細縝密無人出其右。在那段驚濤駭浪的日子裡，只有他能一派輕鬆、優游從容。

兩位劍客在南方的海邊即將有一場比試。

雙方就未來技術轉移進行討論，雷博與蔣睿時而各抒己見，時而辯論，時而互相退讓，碼了棋子重新開局。我在旁邊喝茶吃瓜子，貌似觀棋不語其實是藏拙。會後雷博問我未來誰負責我方軟體開發，望著蔣睿，雷博只回我一個字：「行。」

後來也問了蔣睿對方功力如何，蔣睿一貫皺了眉頭沉思片刻：「雷博確實不錯。不過旁邊站著的祝工與賀工也有些深不可測。」

我突然想起，他們一直只是微微笑著。偶爾點頭。事過多年後，證明蔣睿的觀察十分細緻。

由於有雷博的無敵三人組，新的產品很快完成開發。

開局的地點在河南新鄉，鄉下一個雞不生蛋、鳥不拉屎的地方。我懷著異常興奮的心情到達，在這樣的窮鄉僻壤，拉一條光纖到縣城，就可以完全解決一路幾十公里過去沒有電話的問題。縣裡電信局的局長非常激動，把我們幾個人留下來堅持要請我們吃飯，還客氣的說沒特別準備。我原本以為他是客套話，上桌才發現除了一隻土雞，其他就是各種煎蛋、炒蛋、西紅柿蛋花湯。我一直想著拉了一條光纖害了一隻老母雞的命。當天喝的酒名是「龍鳳酒」，記得這麼清楚是因為我乾了三杯直接斷片。

那個年代在高速公路上還有鄉民可以搭一個便橋，上來路邊擺攤，賣的都是香菸、飲料、包子之類的。中國同胞正以各種你想不到的方式，改變自己和國家的命運，讓我深受觸動。

老鳥真心話

英雄出少年，不要低估自己。

在學校時的馬步要站穩，基本功要練好，業界很現實，沒有老闆有義務幫你出學費。把學校的必修課好好讀完，這真的是我良心的建議。不好好讀也行，板凳等著你，但是板凳也是限量的。

這麼多年來，我與無數的年輕人面試過，大部分的年輕人沒有好好的準備。甚至在自我介紹的文字上都錯字連篇，通常我不會接受這樣的新人加入團隊。我自己在新人訓練時，問過主考官一個問題，現在想起來都會臉紅，我的問題是，公司會給新人什麼樣的教育訓練？

我現在都會反問，如果沒有新人的教育訓練，你計畫如何撐過菜鳥這段時間？

面試時如果你發現老闆處處要表現他的英明，勸你走為上策。這種老闆通常不是疑心病重，就是權力欲重，絕對不值得浪費你的青春歲月。

更嚴重的是他為了掩飾自己的平凡會讓你更平凡。

等待

生命需要一種等待，一些耐心。
想看著一片雲飛過，
自己要先能靜靜的坐下來，
泡一壺茶等著。
雲來與不來是一種緣分，
最終在茶盡人散之際感受到一種輕安。
出世間的寫意山水也許未能完稿，
人間送往迎來卻已綽綽有餘。

咬定青山不放鬆，
立根原在破巖中。
千磨萬擊還堅勁，
任爾東西南北風。

——鄭板橋〈竹石〉——

第二章

見龍在田

你已經不是菜鳥，也許可以獨立作戰，也許開始帶幾個新兵，他們跟你以前一樣，會害怕會緊張，有時候也會出一些比你過去還白目的狀況。工作所需要的技術已經嫻熟，當然你也明白繼續不斷精進自己才能保住飯碗。你可能開始思考著是繼續留在技術領域，還是要轉往管理階層發展。可以犯錯的空間愈來愈小，犯錯的機會卻愈來愈多。慢慢會發現猶如走在一條高空的鋼索上，迴旋無地，只能拼命向前。

你必須開始學習什麼事要爭取，什麼事要放棄。學習瞭解客戶想什麼，學習瞭解老闆要什麼，學習可以交出什麼滿足他們又不能失去自我，學習保持平衡，學習認識自己的弱點。

誘餌開始出現，萬劫不復的陷阱也可能是稍縱即逝的機會，你要活下去也要活得更精彩，這一切都必須付出代價。

見龍在田，利見大人。大人近者就是你的領導或是老闆，遠者就是你的客戶。他們都是讓你脫胎換骨的貴人。

二〇〇一年夏天

臺灣電子業巨頭不約而同的從傳統ODM❶產業跨足通訊產業。手機設計人才成為當紅炸子雞，拉幫結派，小則數十人，大則數百人。為了拉攏這些大碗喝酒、大口吃肉的科技游牧民族，各大公司莫不狂撒銀彈，上馬金、下馬銀，一時好不熱鬧。當時各路人馬呼嘯馳騁，既是獵人，也是獵物。

守則 自己的十八洞要自己打完，沒人可以幫你。

如果我們把學校教育比喻做高爾夫球練習場，那麼職場就是一個個大大小小的真實球場了。大概沒有人以停留在練習場為終生目標，遲早我們都要進入真正的球場，不論你樂不樂意。

一般人的一生，會自主或不自主的換幾個工作，換言之，很難在同一個球場

❶委託設計代工（Original Design Manufacturer），即接受品牌商委託，由設計到製造全部包辦的營運模式。（參考自維基百科）

打一輩子球。即使在同一個球場，每一洞的地形地貌也會隨著四季轉移略有不同。打球的專家或非專家背著一套球具，長長短短的各式球桿。遇到不同的狀況就來來回回，磨磨蹭蹭的思考，如果有桿弟，還要真心或假意的討論幾句。

但是無論再怎麼拖拖拉拉，最終還是要自己站上去，選擇適當的球桿，揮桿，承受掉進水塘，進入沙坑的種種可能。

人在職場，猶如在江湖，僥倖雖然也有，但是絕大部分都要自己一關關挺過。「面對問題」始終是唯一解法，想方設法突破一個個洞口的不同困難，路一定是人走出來的。

「山不轉路轉，路不轉人轉」是一種安慰自己的說法，沒有解決的問題不會就這樣消失在空氣中，它始終會變一個魔法，換一個姿態在下一個轉角等你，以更凶狠狡猾的招式打趴你。真實的生命裡沒有太多 walk around。

聆聽的藝術

進入這家天天在財經版面見報的巨無霸電腦公司，已經是一年前的事。這一年是我進入職場以來最忙碌也最精彩的一年，每天早上七點四十分以前，我一定已經把當天要做的事整理完成，該盯的進度，該開的會也都安排妥當，抬頭挺胸的走進明敞的辦公區，像一隻高空翱翔的猛禽，一切困難猶如獵物，都在利爪精確計算之中。

那年四十歲剛出頭，風華正盛。離開研究院五年，職場上應有的應對進退，我已經略有體會。說話前會先耐心的聽完對方的想法，除非絕對必要，不會打斷客戶或同仁的話。

以前我並不是如此，經常在客戶或同仁話講到一半時，就會急著插話。直到有一次老闆提醒我：「你好像沒有耐心讓對方把話說完？」刻意觀察了自己，我不僅會打斷同仁說話，也會打斷客戶，甚至老闆說話我都會無意間打斷。努力的尋找原因，最後的發現是我不會「用心聆聽」。

我並不是通訊產業的老將，只是當時軟體部門的主管已經確定了，沒有太多的選擇就接了「專案經理」的頭銜，當時並不瞭解這個頭銜在公司的嚴肅意義。

「專案經理」聽起來還可以，但是 PM 這兩個英文單字卻可以有很多不同層次的意義。幹得好，你是 Project Manager，幹得不好，你就是 Paper Manager，最慘的你可能連 Paper Manager 都不是，那就是 Poor Man 了。

「用心聆聽」是 PM 完成工作的必要條件。聽有什麼難嗎？絕大部分人除非先天或後天的障礙否則都能聽見。可是「用心聆聽」的重點是在「心」。我們的心有幾種狀態會阻礙我們聽，首先是「傲慢」，其次是「偏見」，最後是「恐懼」。

「傲慢」常常會發生在與不如我們的人，好比是跟部屬或菜鳥的對話上。因為以為他要說的事我都懂，急急忙忙就打斷對方，做出決定要對方聽從。

「偏見」是由於我們其實已經有想法或定見，因此根本不想去理解對方說的話。主觀上就認定對方狗嘴裡吐不出象牙，因為既有的成見，關上了溝通的大門。

「恐懼」發生的場景通常是在對老闆或對客戶，因為害怕對方誤會，我們急於解釋也會有這種現象。

老鳥真心話
聆聽是需要學習的。

如何成為一個善於「聆聽」的人？首先要努力開放自己所有的頻道，準備接收所有來自對方的訊息。訊息可能來自對方的言語、眼神、說話的語氣、眉宇間的神情以及肢體的動作。其次在心態上要注意不要有以下三種現象。佛法裡把我們的心比喻做一個裝水的容器，以下的現象會讓這個容器無法使用。

「漏器」。如果容器本身就有漏洞，水是沒有辦法保存的，「左耳進，右耳出」就是這種狀態。

「污器」。如果容器本身是污染的，不乾淨的，好比我們有主觀的成見。

「覆器」。容器本身是傾倒的，那麼水怎麼加都是沒有用的。

以上三類是佛學裡對聽聞佛法時，聞法不能入心的形容。原因很簡單，後果很嚴重。最直接的後果是接受的訊息因此是部分的訊息，這樣的訊息還會因為我們自身的認知情況被曲解，最後得到的是支離破碎的事實，容易導致錯誤的判斷。

更深的一個層次是，我們會變成一個愈來愈傲慢或缺乏自信的人，最終與真相完全隔絕。隨著日積月累，最終沒有人會跟我們說真話，我們也逐漸失去說真話的勇氣。

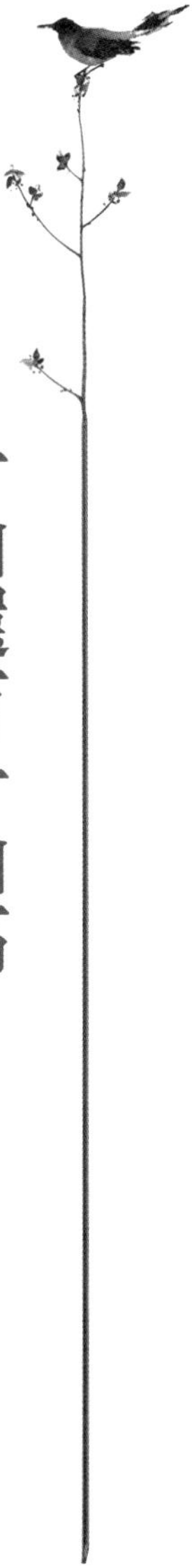

一山還有一山高

一格一格三乘三的座位肅然排開，一百八十個工程師形成一個長方型的戰鬥矩陣。平均年齡不到三十歲，沒有任何工程師頭上有一根白髮，連我都是，三年後我離開時頭髮已經白了一半。有如初生之犢，我們是臺灣工業界的新世代，即將殺進移動通訊市場，以血和汗奪取功名。

當時的團隊很扁平，帶兵打仗掛的最高只到經理級別。充滿鬥志的我們都知道未來的機會無限寬廣，沒有天花板限制我們的跳躍高度。體制內創新團隊有富爸爸的財務支持，設備是最好的，電腦是全新的——我們是天之驕子。

四個月前，我帶著研發團隊到美國進行首次入網測試，大部分同仁都是第一次去美國。老闆的指示很明確，在最短的時間完成任務，不計代價。戰鬥隊型是一組人在美國北加州苗必達 (Milpitas) 的實驗室進行測試，臺灣有另一組團隊負責解決美國發生的問題，利用時差，團隊二十四小時運轉。

前仆後繼的勝利果實是甜美的，我們成功的完成任務，創下當時臺灣產品完成手機入網的最短時間紀錄。記得回臺灣時瘋狂的慶功宴，席開數十桌，酒無限制供應。老闆開心的給每一個團隊成員紅包，大家乾了一杯又一杯，我那天晚上醉了，怎麼回到家都不知道。第二天一早，老婆問我拿回來的牛皮紙袋是怎麼一回事？我打開一看，大吃一驚，上班第一件事就去找老闆。

「老闆，昨晚發的紅包怎麼分配？」

「每個人都有一包啊，那就是你的。」

老實說，現在都還覺得那是一場不可能完成的夢。那段時間會議室貼著一張非洲大草原的海報，是一頭猛獅追逐羚羊的血腥畫面。旁邊有幾行字：

在非洲大草原上，羚羊每天早上醒來時，牠知道自己必須跑得比最快的獅子還快，否則就會被吃掉。獅子每天早上醒來時，牠也知道自己必須追上跑得最慢的羚羊，否則就會餓死。不管是獅子還是羚羊，當太陽升起時，最好開始奔跑。

入網測試完成只是開始，考驗是能順利量產嗎？焦灼感像傳染病一般逐漸擴散，燃燒著團隊的每一個成員。

走到白板前把白板上的數字減一，23，離老闆要求的量產日還有二十三天。白板上還有密密麻麻的問題需要被解決，我們在跟時間賽跑。晚一天出貨行不行，當然行，可是那有損我們對客戶的承諾，也不是我一貫的風格。那段日子我的頭髮已經留得很長，暗自許下承諾，要產品出貨才剪髮。年輕時總是喜歡把事情搞得悲壯一些，顯示義無反顧的決心。

很幼稚，極有效。

＊＊＊

週三下午三點整週會，在我們這個紀律嚴明的團隊，開會不能遲到已經融入我們的血液，但是開始也並不是這樣。一年前，這支隊伍剛剛拉起來，還掛在「技術研發中心」，年輕而散漫。開會你一句、我一句，議而不決，決而不行，行而不果，比較像是開發延誤的批鬥大會。

「開會不是討論如何解決問題的場合，是達成共識，同步工作節奏的地方。」老闆早就說得清清楚楚，明明白白。然而有原則並不代表能執行，我很快就捲入各功能山頭的你來我往之中。

開會佔據了我大部分的時間，每天都在處理猶如程式語言中的 switch case❷，以及 if then else。為了提升開會效率，一個共同的問題處理清單是必要的，在這個清單裡包含了問題主旨、問題描述、問題現況、優先次序、影響程度等等描述。最重要的兩項是處理期限與負責人。

❷程式語言。switch case 表示在各個 case 中做判斷，並執行相符的選項；if then else 則表示如果如何如何，則執行某指令，若否則執行另一指令。（參考自網路文章）

表單有了，開會只是在達成共識與工作同步。我做過多次實驗，把心中的優先次序跟團隊的功能型主管核對，幾乎是沒有一次完全一樣。如果把主管們跟工程師再比較一次，落差會更明顯。你可以想像一支沒有指揮，沒有樂譜的樂隊，人人一把號，各吹各的調是什麼情景。

最後處理的方式是，我必須跟主管們未來三週的任務優先次序一致，主管們跟工程師手上最重要的三件事一致，每週三同步一次。我還替這個方式取了一個名字叫「三三三原則」。

＊＊＊

有一次，老闆在開完會後，把我一個人叫到他的辦公室，落地窗外是藍色的天空，辦公室乾淨俐落，沒有雜物、沒有灰塵，優雅的盆栽看得出價值不菲。他只比我大幾歲，掌握千億生意的精明幹練，一刀刀寫在黝黑的臉上。數十年的商場搏殺，他留下一身產業的傳奇，沒有任何事可以瞞過他，想都別想。

他看著我的眼睛，一句一句的說：「夏研，我不是要找一個只能看到問題的人，我要的是看到問題，還能夠解決問題的人。你是不是那個人？」我像肚子被捅了一刀，刀還不能拔出來。

第二次是另一次週報，新來的一個 PM 報到了。頭髮一絲不亂，白色的新外套像燙過的一樣，比我小十歲。老闆開口就問他，「這顆 IC❸多少錢，交期是多久？」他幾乎是不假思索的回答，數字到小數點以下第三位。他說完，老闆望了我三秒鐘。

出了會議室，跟這位新加入的同事聊到他剛才的神勇。他輕描淡寫的說：「PM 都要這樣啊！」

「這不是採購的事嗎？」

「老哥，那你怎麼知道採購是不是唬你？你不知道價格，怎麼 cost down？」

---

❸積體電路 (Integrated Circuit)，為設計好的電路，被蝕刻在晶圓上並經過裁切、封裝則成為 IC 晶片。此處作者之 IC 意指完成的 IC 晶片。

我直接被踹到地上，趴了很久才站起來。很久沒背書了，回去馬上對料，把主要元件的價格記在筆記本上，還有我有限的大腦記憶體中。

在過去幾十年的職場拼搏中，我完全瞭解採購在計畫成敗中的重要性，當時的我卻還沒有足夠的理解。隨著產品即將進入量產，始終還搞不定產品的關鍵零組件價格。採購不斷的希望在量產前導入第二個供應商，以穩定未來供料的最佳成本，研發團隊堅持要實驗驗證完畢才能導入量產。這是一個每個產品量產前的陣痛，PM 必須能夠搞定，否則無法進行備料。

問題一：導入第二供應商的時機。

問題二：導入的利弊分析 (Pros & Cons)。

這是 PM 要站出來處理的問題。也是今天會議的衝突點。

負責採購的張煌也是資深經理，在本公司的核心產品早已證明他精打細算的能力，一開始就切入問題核心：「離量產只剩二十三天，RD❹何時才能承認 second source（替代零件）？」

負責硬體開發的蔡頭，剛從高級工程師升為主任工程師，來自南臺灣嘉義的純樸孩子，還是我大學的同系學弟，怯怯的說：「我們家老大說 main source（主要零件）都還沒測完，談什麼 second source？」話很直接，也是事實，空氣立即凝結。

蔡頭的老大，業界稱他為「雷師父」，背後稱他為「雷公」，其他你自己可以想像。從來不出席這種他認為浪費時間的週會，也不交任何測試的實驗報告，可以或不可以，他完全以他三十年的專業經驗定奪。

張煌的修養確實有火候，慢條斯理的說：「硬體什麼時候把最後的 BOM❺確定？上星期就該決定的事，今天不決定，保證量產時間一定跳票！」

在產品開發的初期，因為設計還不穩定，換料是經常發生的事，研發往往會拖到最後一刻才確認 final BOM，留給採購周旋的時間極短，因此十二週前長週

---

❹研發部門 (Research & Development)。

❺BOM (Bill of Material)，產品組件清單。

期備料已經啟動，否則量產根本不可能。

「還差幾個料不確定？」老闆一向沒有廢話。

「三個。一顆 IC、兩顆大電容。以首批訂單數量而言，三顆總價在五百美金左右。」

「是左還是右？」

「489.35 美金，這是我看到的成本。」

張煌立刻到老闆耳根旁說了幾句話。老闆聽完，眉頭皺都沒皺，「廢話（這句是臺語），馬上備料，下一題。」

我看到的成本？是的，做為 PM，我只能看到最初階的成本，採購能看到進階，唯有老闆知道真實成本。在這場遊戲中，每一個人都有自己的立場與局限。誰都沒錯，誰能解這個結？

第三次，在一次跟老闆報告完畢之後，老闆拿出一本小筆記本，一手能掌握的那種。跟我一條條 review 上午他跟客人開會時，客人提出來的需求。

我其實相當震驚，因為當時我也在場，可是有些內容我並沒有記在我的工作清單上。會後我請問跟著老闆超過十年的祕書，她嫣然一笑：「你不知道老闆重要會議都帶著錄音筆嗎？會後我會幫他整理。」

老闆走路極快，每次在他身旁都要加快腳步才能跟上。搭飛機出海關他也都是旋風般的要搶第一個。喝紅酒時姿態優雅，高爾夫球揮桿時極有耐性。他是一個快慢有致，極具節奏的人。從他的身上我看到了很多，學到了一點，終身受用。

這些震撼教育都是菜鳥變成老鳥的基本鍛鍊，環繞的都是「人」與「事」。你覺得是人的問題難呢？還是事的問題難？

先別忙著回答，還可以慢慢想。最後一定會告訴你，但是你沒有自己想過，或經歷過，你仍然是五穀不分的在 trial and error。

老鳥真心話

跟對老闆，走在他的右後方，一步。

老闆是你的貴人，要懂得珍惜。通常透過老闆的眼睛我們可以看到另一個世界。不要常常想老闆是豬，不要侮辱豬，其實豬比你我都聰明。你看過豬需要深夜加班的嗎？

確實老闆有時也會加班，但是應該是初一十五。跟上老闆，才有可能變成自己的老闆。不過老闆不是那麼幸福，你應該知道吧？

觀察老闆，看他遇到問題時如何判斷、如何處理、如何善後。你可以模擬自己如果你是他，遇到這些棘手的問題如何應對，從最後的結果，可以讓你學習到許多書本上沒有的知識。他飛龍在天，你見龍在田，他的優點弱點你可以看得清清楚楚，伴君如伴虎，可是不入虎穴焉得虎子。

所謂 PM

結局是二十三天後，產品順利量產出貨，一天都沒有延遲，現在想起我還會眼眶泛紅。開發產品猶如懷胎十月，每一次的產檢都要仔細謹慎，盡了人事，天命庶幾近矣。出貨那一天，幾乎軟硬體全員都在現場支援，看著產品一臺臺經過測試，包裝出貨，有一種泫然欲泣的感覺，那一刻我突然瞭解當媽媽是什麼滋味。

這裡面最重要的關鍵是媽媽的愛。對於產品而言，PM 就是媽媽的角色。想想什麼是媽媽？媽媽什麼都管，什麼都要會，裝也要裝出個樣子。從出生開始，每一次的哭聲，她要判斷孩子是餓了，還是尿布濕了，或者根本是在撒嬌？孩子發燒了，該幫孩子脫下衣服，泡泡澡，還是立刻帶孩子去醫院掛急診？

每一次吐奶、腹瀉、孩子的每一餐、跌倒了、算術不會；想得到的，想不到的，媽媽都要有本事處理。爸爸沒拿錢買奶粉，她二話不說一定把奶嘴遞給孩子。當然政府鼓勵餵母奶也是有深刻的意義的。所有資源都沒有時，媽媽自己都要能頂上。

都歸她，一切都歸她。一週七天，每天二十四小時。當了媽媽，女人就不是弱者。PM 不是弱者幹的，要做好心理準備。這讓我想起，當時來這家大公司面試時，面試的吉米博士跟我說的話：「沒幹過 PM，沒關係，沒幹過就不會怕，幹過就會了。」

每次看 NIKE 的廣告詞「Just Do It」，心中就想，這句話肯定是幹過 PM 的廣告人想的。別問我證嚴上人「做就對啦！」是不是有禪意，她老人家肯定能當很好的 PM。

所以當 PM 其實也沒那麼難。是的，要當好的 PM，回去好好看看媽媽，跟媽媽學習就對了。

老鳥真心話

寧可與狼共舞，不要抱團取暖的小溫馨。

在過去三十年中，我遇見過不同類型的老闆，如果說有一個共同的特質，就是他們通常都是格局很大，眼光極準的狼。在選擇獵物時極為沉著，決定目標後毫不猶豫，步步追蹤直到擒獲獵物，或把獵物累死。

在他們周圍也有一圈圈的狼。或者是其他動物假裝是一頭狼。甚至還有某公司以狼為圖騰般高高舉著。不管喜不喜歡，你一定要認識狼。狼群是一種人類之外高度進化自律而有效率的團隊。人在江湖行走，切忌落單。

有一個成語叫「狼狽為奸」。如果不是狼，你還有一個選擇就是「狽」。《三國演義》裡有太多這種成功的案例，請自己參考。劉關張三人，劉即是狽，人稱劉備。備這個字其實大有學問，有句成語是有「備」無患。其實很有深意。

菜鳥永遠要默默努力，抬頭做事，眼觀四面，耳聽八方。

即使是老鳥了，也請牢記成功的必要條件是聽力好、視線佳，失敗的充分條件是嘴巴大、心眼小。

狼一直就在你的身邊。無論是菜鳥老鳥，在狼咬住你之前就要振翅高飛。

齒輪們

當過小兵，知道衝鋒陷陣拼刺刀是多麼殘酷。這一路走來，始終不願讓自己變成踩著別人上去的人。在那段日子裡，我一定要求自己陪著團隊，而不是架著機槍頂著弟兄們前進。所以每天都工作得很晚，經常是最後關燈的人。

有一位非常負責任的機構工程師，常常也是熬到半夜，有時候我受不了了，就會要求他早點回家。他沒下班我也下不了班。

某個週一的早上，他突然出現在我的方格，問我有沒有時間聊聊，一種不祥的感覺立刻竄上我的心頭。

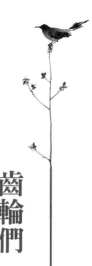

「昨天晚上你要我早點下班，但是我想今天就要跟客戶討論設計圖，回到臺北之後，就找了一個二十四小時營業的便利商店，繼續改圖。」他慢慢的說著，一臉倦容。

「好不容易改到一個段落，下去樓下買一罐飲料，打算繼續拚。一群剛剛下班的酒店女郎，也正好走出店門，就在對街送客。凌晨兩點，有的女生打算跟客人續攤，攔計程車走了，有的女生準備轉回去店裡，繼續陪客人。突然發現，我的生活跟這些女生比起來更慘。至少她們不必早上八點到公司準備開會……」他說了十分鐘，我靜靜聽著。

「夏研，我只能挺你到這一週，下星期我就不來上班了，不好意思。」

我不知道怎麼安慰他，老實說也不知道怎麼安慰自己。不過就是一支手機啊，值得幾十個年輕生命如此燃燒嗎？

老鳥真心話

起得比雞早，睡得比牛少，吃得比豬差。

幹這一行的，有時候互相開玩笑，說自己累得跟狗一樣，其實真是開玩笑，哪裡有狗這麼累的。

不管你喜歡不喜歡，我們只是一顆齒輪，大齒輪或小齒輪，在此處或在彼處。既然是齒輪的命，就要自備潤滑油。現在常常會有過勞死的新聞，我參加過幾次這種告別式，鞠躬出來，大家繼續回到公司上班。空著的辦公桌，孤伶伶的電腦，等著下一個主人。不需要幾個月，走的人已經從空氣中消失，彷彿不曾來過。只剩下還沒解決的 bug，記得它的主人。

成功的詛咒

一年前，公司接到世界級犀牛S通訊公司的案子，一下子啟動了三個大計畫要同時開發，研發資源完全卡死。客戶丟來的人機操作規格鉅細靡遺，據說是由博士級人因工程設計群設計，光操作介面規格就有近五百頁，宣稱該規格已經千錘百鍊，不得任意修改。

需求很清楚，也沒得商量，比葫蘆畫瓢，照刻就對了。全員上線，分成三個團隊同時啟動，平行開發做幾乎一樣的事。很荒謬嗎？迫於現實是三個計畫量產時間十分接近，沒辦法讓我們進行瀑布式開發❻。比現實大的就是客戶。

每支手機一個團隊，我負責的 F team（F 代表 Ferry，其實是 Fun）最弱，人馬是雜牌軍，不是菜鳥就是老炮。內部 PK 完畢，只能忍氣吞聲的接下三款設計中最簡單的一款 Bar Type❼，更大的不幸是硬體負責人是「雷師父」。先天不足，後天失調，實力明擺在那裡。三個月後惡夢成真，在初期階段，就因為訊號品質問題，被客戶直接砍單，連樣機都還沒有真正到客戶手中就停案了。

F team 全隊臉上無光，我那幾天滿臉于思，猶如喪家之犬，頭髮更長了也無心整理。

真的就如那句話說的：「上帝關了門，就會給你一扇窗子」。日本巨擘潘朵拉 P 公司來了，東風吹的正是時候。

客戶來談的專案負責人也是菜鳥，估計也是爹不疼娘不愛的，只有概念，產

---

❻傳統之產品開發方式，完成流程的一個階段（如構思、設計、驗證等）再往下一階段，層層往下有如瀑布一般，相較於後來興起的敏捷式開發，較嚴謹亦較耗時。（參考自網路文章）

❼即直立式手機，非摺疊（當然也不是智慧型）的款式。

品需求規格沒有，要我們提供。然而開發時間極短，需要趕在聖誕節前一個月完成出貨。我於是把前一個計畫的功能表攤開，還沒完成的功能刪掉，給了客戶一份目前完成的功能表，多了沒有，就這些了。

可以嗎？還不夠。

我跟對方 PM 和軟體負責人坐下來，建議以女性上班族為主要目標客戶，以和當時幾個手機通訊主流公司做市場區隔。於是開始逐一刪除複雜的功能，我並不是歧視婦女同胞，而是原來那些複雜的功能，都是前一個客戶的專屬需求，實際應用價值不高，但是開發驗證難度不小。

我一條條功能跟客戶解釋：「我不會用，你也不會用，我們都不需要的功能就刪掉，這樣才有機會能守住時程。」客戶吞了吞口水，點點頭，彼此都明白對方的無奈。於是一套簡單合理的介面出現了。極簡最美，有時是走投無路下的選擇。

嗶嗶，收工。飯廳擺桌。青菜、豆腐、番茄蛋花湯。清爽可口。

客戶非常滿意，大家站在討論的白板前簽名合照，當時我還無厘頭的比了

「耶！」的手勢。客戶說要立即跟日本方面確認，我才知道剛剛不是留念合影，而是留下人證物證。

也許良心有些不安，我跟客戶建議了幾項貼心設計，包括單鍵換桌布與超大鈴聲等等，日本客戶也覺得很有道理。一個嶄新的設計概念產生了，後來這個概念也延伸到了山寨機的設計原型，種瓠子生絲瓜，卻是當時沒有料想到的事。

產品的代言人是一位即將竄紅的流行歌手J，靈活的手掌把那款手機的輕薄短小，表現得淋漓盡致，魔術般的催眠下，一出即大賣，大賣即追單，追單就是時辰到了。

產品失敗了，我必須負責；產品成功了，我就更該離開。這是成功的詛咒。

老實說，我那時候確實處於一個瓶頸，有點像走入一盤殘局，玩與不玩同樣尷尬。產品大賣了，客戶量上來了，開案速度很快，我原本的團隊吃不下來，老闆不露痕跡的安排一軍準備接手。我的團隊本來就是散兵游勇，一直不被看好，在旁人看來我這半路出家的和尚，應該是走狗屎運才遇到這樣的好客戶，業績長紅與我和團隊無關，純屬巧合而已。

我本來就不是一匹狼，但是為了生存，我可以像傑克・倫敦(Jack London)小說裡的「白狼」一樣偽裝，然而與狼共舞的必然結果，要麼被同化，要麼帶著傷痕離開。想清楚也就沒有遺憾。歷史上可以找到許多這種例子，其中最慘也最有名的是南宋的岳飛，其次是明末的袁崇煥，不是斬首就是凌遲而死。

作為團隊的負責人，心中一定要有最後一道門，可以讓自己和團隊全身而退。退場機制安排妥當，就會有再度上臺的機會，如果不是，你就是「一片歌手」。只有你那個時代的人，在唱懷念老歌時，朦朦朧朧的想起你。

不要和人性的弱點為敵，心中有一點怨尤都是多餘。我算是熟讀中國歷史的，三十六計也略有所知。詛咒如何破解呢？

走為上策。

但是轉進的時間很重要。太早，會背上怯戰而逃，敗軍之將的惡名；太晚，會蒙受挾客戶以自重，驕兵悍將之譏。於是我必須等待，這種人可以參考的對象也很多，我並不覺得寂寞。讀歷史書之重要啊。

老鳥真心話

生死一念。

資源有限時一定要縮小陣地，保留最後突圍的機會。如何在資源有限，時間有限的情形下得到最佳解決方案，往往是危機處理能力的挑戰。

在江湖上行走久了，慢慢清楚所謂生死往往只在一念之間。一個判斷的錯誤，可以推翻你過去所有的努力，這應該是每一個專業經理人的宿命。有方法避免嗎？《孫子兵法》裡是這麼說的：「知彼知己，百戰不殆；不知彼而知己，一勝一負；不知彼，不知己，每戰必殆。」

百戰不殆，否則地獄和天堂其實只有一線之隔。

放下

放下過去的精彩或不堪，
給過去完全的自由，
收拾剩下的勇氣繼續前行。
真相多半有你我難言之處，
有些事不要追問為什麼……
不知道，不明瞭……
不知不覺，也許是更好的結局。

—黃景仁〈癸巳除夕偶成〉—

千家笑語漏遲遲，
憂患潛從物外知。
悄立市橋人不識，
一星如月看多時。

第三章

終日乾乾

這時候你在業界已經闖蕩多年，開始有些名氣，開始有些人脈，開始有些機會，開始有些誘惑。是雲淡風輕還是意氣風發，是默默無聞還是趾高氣揚。不同的選擇會把你帶到不同的地獄，活得下來，你可以獲得鳳凰重生般的榮耀，活不下來，你會向下沉淪，也許再也無法翻身。

累積足夠的智慧和糧草，要有獨行千里無人煙的準備，沒有嚮導，沒有地標，也許有一路路邊半埋的白骨，引導著你誤入歧途或者走到綠洲。

如果還拉著一大家子兄弟姊妹，確認那些人會跟你走到下一站，那些人會跟你走到終點。然後必然會有一些人拉著另一些人，收拾細軟不告而別。

二〇〇三年夏天

通訊產業大餅群雄搶食，知名手機品牌都在臺灣尋找合作夥伴。全球各大實驗室也在臺灣設立據點，以加速入網測試的時間。手機開發由九個月縮短成半年。機海戰術席捲市場。臺灣手機方案開始進入中國，山寨機以鄉村包圍城市的姿態，把世界大廠逐步趕出中國以及東南亞市場。

守則一　打完就走，別拖拖拉拉，不要被自己的情緒綁架。

我們有時候會從讀過的書，看過的電影，路邊的廣告擷取一些語詞用在日常生活中。久而久之，這些語詞也有了自己的特定涵義。

理性和感性即為一例。

似乎理性和感性是一對互斥的詞彙，當我們說一個人不夠理性或者太過感性等等，意味著此人好比是一杯咖啡，糖加多了或少了，然後有不同的風味。事實好像不盡然如此。最近的醫學研究顯示，感性是很狡猾的，理性只是它的幫兇。

意味著感性總是在前緣探求自我的滿足，理性只是為感性提供行為的理論基礎。兩者有點狼狽為奸的味道。

佛家談的眼耳鼻舌身意，色聲香味觸法，今日觀之，竟較符合科學的觀察。紅塵是修行的好地方，職場修行也者，不為感性綁架，不為理性所局限而已。如果我們可以客觀的看待成功與失敗，一切都是因緣際會，不要沉迷在上一洞進球的喜悅，也不要不斷自責失手的上一桿。

不被情緒綁架，下一洞，下一場球等著我們。

虛榮的代價

我到這裡工作時公司股價還有三、四百塊。等第一次拿到三分之一股票時，股價只剩一半。許多同仁跟我一樣第一次拿到股票，於是開始有同仁天天關心公司股價。

不知道是好還是不好，我第二天就把股票賣了。業界後來把這種分紅制度給了一個「金手銬」這樣的名稱。我有時不免會想，自己好像是在一個無形的大監獄裡，跟著一群帶著手銬，拖著腳鐐的人，做著財務自由的美夢，犧牲了所剩不多的青春。

有一次跟老闆開會，為了某一個議題，有位主管跟老闆意見相左。這位主管是我喜歡的類型，個性直爽、人極聰明。如果是我，應該已經退讓了，他還是據理力爭半點不讓。

「這件事不必討論，我已經決定了。」老闆乾綱獨斷。

這位主管收起筆電，轉頭就走，臨出門前丟下一句：「好啊，你是老闆。你說了算。」還罵了一句髒話。

老闆臉色鐵青，極有風度的說：「繼續開會。」

留下來的人都低下頭。

老婆罵你是訓練，老闆罵你是磨練。我只撐到拿了第二次的三分之一。帶著剩下的青春，往下一個據說床位大一點的監獄前進。

老鳥真心話

不為物喜，不為己悲。

所謂英雄，為五斗米折腰是不是一種悲哀？

韓信曾受胯下之辱，你我江湖這點小事，睡一覺就解決了。沒解決的話，看看兒子女兒的照片，再睡一覺即可。某公司有遮羞費一說，我還是要說，現實中誰都不容易，老闆也是。

如果你看過客戶怎麼修理老闆的話。英雄既無膽也無淚。

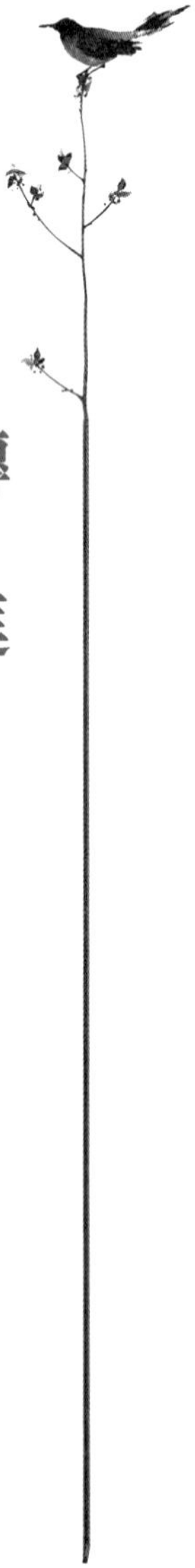

轉進

那一天在臺北飛北京的機場候機室碰到神奇的大衛，成功的詛咒頓時化解。

如果不是那次的偶遇，後面的一切還會發生嗎？可能性極低。如果不發生，就更難理解在生命的河流中，如何繼續漂流，偶然與必然不斷的強迫我們扮演主角、配角與跑龍套的角色，究竟舞臺上的刀光劍影，眼花繚亂的意義為何？有時候我不免自問。

大衛知道我在目前的公司幹得風生水起、有聲有色。先是一番客套的恭維，憑他老江湖的雙眼，也看出我身處困境顯現的一種落寞，伴君如伴虎的不自在極難隱藏。

他很直白：「要不要到我這裡來？研發你來負責！」那時候他剛剛開山立寨，手下有四五十個綠林好漢。

我幾乎是下飛機前就做好了決定。

回臺北後，整理好行囊，禮貌性的告知客戶我的去向，再會了心愛的潘朵拉。告別公司時最不捨的其實是老戰友們，說再見時彼此心裡有數，有的人再也不會見了。就算再見也可能是敵人而不是戰友了。

新公司新氣象，新團隊新問題。立即面臨的問題就是開發平臺的選擇。原來的團隊其實是兩股不同的人馬，那陣子到處是游牧民族，小者十幾人，大者上百人，個個想佔地為王。兩組人馬，各擁資源，同時在進行兩個平臺的開發，一爭長短。現實的問題是，因為資源沒辦法集中，兩個團隊都沒辦法把問題全部收斂，有樣機但是沒辦法量產出貨，大哥別笑二哥，五十步不必笑百步，雙方人馬僵持在原地。以前這是大衛的問題，現在這是我的問題。

為了處理這個問題，我建議大衛把兩個團隊的負責人都找來「盍各言爾志」。兩邊的理由都一樣，這是他們在上一個公司已經熟悉的開發平臺，對他們而言這樣比較簡單，簡單卻不一定正確。

問題攤在桌上，不改變就是大家抱在一起死。我說：「我手上的A方案已經量產成功，有足夠的出貨量證明設計已經穩定，最直接就是使用A方案。」

我看著大衛，緩緩的把準備好的說法陳述出來：「如果用我前公司的A方案有兩個問題。問題一，前公司會認為，我把以前開發的成果帶到新公司來，有剽竊智慧財產權的嫌疑。問題二，A方案的供應商，為了不敢得罪我原來的公司，也必然不敢技術上全力支持我們。」

大衛突然感到困惑，兩位原方案負責人臉上的表情則是「看你要玩什麼把戲？」

「所以我建議一個全新的方案，M方案。這個方案全世界都沒有正式量產出貨，第二層通訊協議據說還有些小問題，人機介面設計也不是非常流暢。」

我把準備好的檔案打開，投影在牆上，所有三個方案加上M方案的分析重要參數，全部一清二楚的顯示四個方案從硬體指標看沒有太大差異。

「但是現在唯有M方案，他們會把全部的資源給我們，因為他們手上完全沒有大客戶。至於通訊協議與人機介面問題，我建議與對方共享原始程式設計碼，共同合作開發，但是談判難度很高。」

「我也許有辦法。」一直沒說話的大衛開口了。

「就按夏研的方案進行，請大家開始準備。」他順便就做了總結。

那天會後進了大衛的辦公室，我盯著他：「你的辦法是？」

大衛說：「你不是也想到了嗎？」

兩人哈哈一笑，相見恨晚啊。

老鳥真心話

所謂江湖。

江湖說大很大，說小也很小。這場棋局不只我們自己在下，更多的對手或朋友隱藏在暗處。我和大衛是舊識，平常就會彼此關注，所以當機會敲門時，一切有如水到渠成。但是我們不是朋友，而是戰友。

在職場上你更需要的是戰友而不是朋友。戰友讓你活下來，自己活下來的機會也會增加。朋友可以為你兩肋插刀，但是插刀救不了你，只是傷了自己，欠了人情。如果要一起創業要找的是戰友，找朋友創業往往會反目成仇，最後連朋友都做不成。

戰友可以共患難，但不見得可以共富貴；朋友可以共富貴，但不見得可以共患難。有極少數的人可以是戰友，也可以是朋友，所以創業成功確實難度很高。

下棋要多想幾步，職場要留下後路。話不要說死，人不要做絕。俗話說「人情留一線，日後好相見」不是沒道理的。

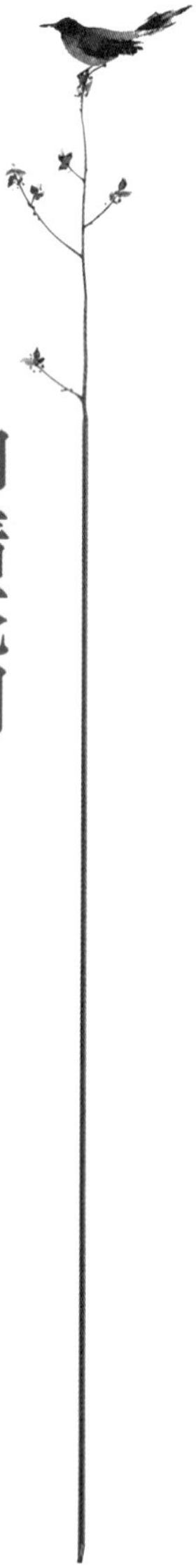

柳暗花明

第一部樣機出來時，我和業務漢克一起搭飛機，到東京拜訪客戶，抱著滾燙與忐忑的心。長榮航空的 slogan 適時安撫了我的情緒，我改了一個字把它放在簡報的最後一頁。漢克也許察覺到我的緊張，跟我說：「晚上我們到居酒屋喝一杯吧！」

那天晚上我們在旅館旁的居酒屋叫了幾個小菜，菜極可口，喝了幾口清酒，心中有事，吉凶未卜，酒難醉人。出來時月光遠遠的照著，漢克指著不遠處的「王子大飯店」，跟我說他之前出差，是跟老闆住在那裡的三十一樓。

我拍拍他：「下次我們就會住更高。」兩人相視一笑。

第二天在東京地鐵中穿梭，記得自己被一群穿著黑色西服與套裝的男男女女夾著，緊盯著漢克高大的背影，以免迷路。展示很成功，客戶很喜歡。離開日本時，我覺得幸運之神一路保佑著我們。

然而天下事沒那麼簡單。

檯面上的理由很簡單，因為是M方案，沒有大客戶願意當白老鼠，檯面下的理由，卻是我沒辦法說也不想說的原因。我和漢克沒有機會一起住進那天被月光擁抱的飯店。幾年後他罹癌英年早逝，我始終沒有忘記對他未實現的承諾，以及那時他明亮如星的眼神。

老天爺永遠會給努力的人多點機會。

潘朵拉並沒有忘記昔日的朋友，但是生意就是生意，他們也很禮貌的婉拒了我們的方案。跟我比較熟的PM，友善的給了我一個電話讓我試試，我嘗試的撥了這個陌生的電話，對方的普通話說得聽不出是南是北，我把情況告訴大衛，兩人都抱著姑且一試的心情，那時候還沒有「山寨機」這個名稱。我們出貨後不久就有了。

布袋戲裡有一句臺詞：「時也、運也、命也，非我之不能也。」「成也山寨，敗也山寨。」這是一個可以寫成長篇小說的故事，始作俑者其實是走投無路下，一個不得已的選擇。

卿本佳人，無奈墮落風塵；郎本書生，落草不忘斯文。那一年年底出了五千支手機，是我們的新年禮物。美金是錢，人民幣也是錢，有錢才能餵飽家人，餵飽弟兄。

出貨之前，原來的四五十個綠林好漢因理念不同，大部分已經離開，老鳥一路陣亡，一路補充新兵，我就是菜鳥教頭草地兵的命。

該用木桿卻斷了，只好改用鐵桿一路打到底，其實是情非得已。

老鳥真心話

機會和危險就在生命的轉角處。

機會往往在來臨前完全沒有徵兆，就算是阿根廷足球名將梅西（Lionel Messi），也有在十二碼球凸槌的時候。不要期待機會，我們真正可以掌握的是機會來臨前的短暫瞬間。

所有在現實世界的成功者，大多是比我們早一點看到機會，然後確實掌握。真正的高手甚至可以在別人看不到的地方看到機會，製造空檔，果斷移動，迅速出手。

喝酒的藝術

東風姍姍來遲，東北風倒是來了。什麼都不怕，也許因為有泡菜，目標是第三世界市場，韓國人跟我們一樣，賠錢生意沒人做，都敢在刀尖上舔血。

我對他們的初體驗是在英國，一九九〇年研究院突然通知我，有一個機會送我到國外進修，我毫不猶豫的就選擇了英國。隱隱約約的覺得，那裡會有許多未知等待著我。事實也證明了確實如此。

同宿舍有一個韓國同學「Kim」，感覺大多數韓國人不是姓金就是姓朴，此君清明爽朗，因為是同系同一宿舍很談得來。他說他們來了八、九個人，都是大學畢業受完基礎軍訓，直接到英國來學衛星通訊，各有任務分工，目標是在這裡花六年把小衛星做出來，順便直接攻到博士學位。有幾個人連老婆都帶來了，頗有衛星沒做出來，就在此安營紮寨的味道。大家路上遇到了也會打招呼，像是好朋友。

那天在學生餐廳遇到 Kim，和韓國的同學坐在一道，他看到我卻不像平常一樣熱絡，裝做沒看見我。我正有點納悶，突然進來幾個國字臉的中年男人，快步走到他們面前。Kim 和他那票韓國同學刷地站了起來，大喊了一句「忠誠」（我後來看韓劇猜的），又刷地行了軍禮。

我旁邊的波蘭同學傻了。

「Are they from North Korea?」

把我笑翻了。Kim 遠遠瞪了我一眼。回宿舍後遇到他，他說中秋節，長官來慰勞他們。我說你們也有中秋節啊？

「月亮又不是你們的。」

我想想也對。他還給我一個他的長官帶來的月餅，兩個人一起想念了一下各自的家鄉，看著同一個月亮，月餅的味道跟臺灣不一樣，確定不是泡菜口味。

＊＊＊

以前它是漢城，現在它叫首爾，也沒了漢字。男人板著國字臉，女人整容過的笑臉透著一絲詭異。最有趣的是下了機場巴士，走在大街上，突然發現自己變成文盲。在日本至少還有些漢字，半懂半猜，不至於完全不懂。首爾幾乎看不到漢字，一路都是窗格文，英文也要進飯店才能看到。對中國人跟臺灣人一樣愛理不理，一種長期自卑之後莫名其妙的傲慢。

在友誼島的L客戶總部開會時，感覺一種特別壓抑的氛圍。進入時層層檢查，有照相鏡頭的手機都要封存。會議開始，韓國客戶處處要顯示他們比你行，如果壓不住對方的主要發言人，會議會完全失去主控權。因為階級非常明顯，很快就知道誰是需要被說服的對象。主要的決定者拍板，通常其他與會者都會噤聲，沒有多餘的意見。因此大部分開會時間裡，我會與主事者對話，直接十二碼球 PK，反正也躲不了。跟吃慣泡菜的客戶，「溫良恭儉」擺在心中，「讓」是自討苦吃。

跟吃壽司的客戶開會，他們總是很客氣，客氣到不知道他們心中最後的決定是什麼？因為他們說 OK 的次數太多，以至於 OK 代表的是瞭解你的想法，還是接受你的提議，讓你搞不清楚。

由於習慣於集體決策的緣故，開完會通常需要離開會議室，讓他們充分討論之後，才進入做最後結論。所以開會時，八成的眼光會平均分配在每一個與會者的身上，主談的對象我只會停留兩成，免得對方一直沒意義的點頭說 OK。

兩者有一個共同點，你要比他們強才能做成生意，生意的本質並無不同。還有另一個更重要的點是，他們要相信你是朋友。是不是朋友要看你如何喝酒。

跟韓國人交朋友，做生意其實也不難，酒量要比他們好就行。我不是開玩笑的。酒量不好也要有酒膽，再不行只好裝醉。跟日本人不需要拼酒，你只要說回去後還要準備明天開會資料，就通常可以擋住。表現得自律與節制，在日本客戶面前很有效，他們會誤以為你跟他們是相同的動物。

這次到首爾我們也算是精銳盡出，大衛來了、業務副總傑克來了、我也來了，還談不下來就尷尬了。技術部分我依照孟子的「說大人則藐之」心法，一路過關斬將，跟對方的技術負責團隊兵來將擋，水來土掩，絲毫未落下風。大衛結束時拍拍我：「好極了，下半場要撐住。」

「下半場？」我有點吃驚。

「是啊！等下吃飯時，他們的老闆才會上場。」傑克悠悠的說。

到了烤肉的地方，對方陣勢已經排開，技術團隊全員到齊。肉還沒烤上，酒就上來了。最年輕的工程師立刻就敬了我一杯，下午承蒙指教云云，還側過身去欠身一飲而盡，我還以為這男人有點娘，傑克說這代表他自認是晚輩。喝完馬上替我斟滿。傑克暗示我也要替對方斟滿。說這是韓國人喝酒的習慣。

如此這般先來了五杯。接下來是傑克，最後是大衛。一輪下來，我方每人喝了五杯，對方一人三杯。心機深啊……

我發動下一波攻勢，先敬了對方技術負責人一杯，傑克很有默契跟上，大衛當然打蛇隨棍上。主將們都喝了六杯。喝完六杯開始吃肉，你一塊我一塊，對方老闆終於出現。我們把握機會一人一杯。

又喝了一輪，對方開始談價錢，喝得太急，傑克舌頭有點打結，大衛也說他有點醉了。為了爭取一點時間，我開始說故事。我說了一個周恩來的故事，這個故事我也不知道是真是假，但是自己說了幾次，就算是假的，對我而言就彷彿是真的。故事說完了，大家都很佩服。

「周恩來非常講信用，從不討價還價，我們也一樣。坦白跟你說，我們就賺百分之十，低一點也可以，今天你們買單，再低，今天我們買單，大家交朋友就好。」

「夏研，你到底是業務還是研發？」對方老闆看著我。

「金老闆，傑克沒喝醉也是一樣的答案啦。」最後一輪，最後以賺百分之十成交，我們買單。

我扶著大衛跟傑克回飯店，自己回到房間，坐在馬桶上就睡著了。醒來一看錶，凌晨三點，老婆到今天都說我喝花酒去了，真的沒有。

第二天準備回臺北，大衛跟我說，以後首爾我自己來就可以了。我跟他說昨天的情形，他微微笑的問：「你說的周恩來的故事真的嗎？」

「你不是醉了？」

「醉了只是喝不下去了，聽覺還是可以的。」

真是老狐狸。

喝酒要理性，談價錢要感性，檯面上談規格，檯面下談價格，我也是做了「東北風」客戶才明白。理性與感性猶如太極圖的兩儀，變化無窮、互為表裡、存乎一心。

老鳥真心話

沒有攻不下的山頭，只是你沒想到辦法。

負責研發時，業務喜歡跟我一起拜訪客戶。見客戶前我都會問業務，這次拜訪要達成什麼目標？有的業務可以說個大概，但是更多的業務是答不上來。這時候我一定會好好跟業務把目標談清楚，並且模擬客戶的反應，沙盤推演做出對應的方法。

一旦目標達成，好比價格或數量滿足了預期，我都會立刻起身離開，一方面是不讓客戶討價還價，一方面是避免在談判桌上談一些與生意無關的事橫生枝節。

我對客戶很坦誠，有生意我們就可以喝酒，可以喝酒就可以是朋友。喝酒就是過場，「有生意就是朋友」，客戶覺得我很老實，卻不知道我天生酒量很好，跟基因有關。武俠小說裡有厲害的人物，可以用內功把酒氣從指間逼出，我想應該是胡扯。

在某些客戶面前，你永遠要是一個現實又有酒量的人；在某些客戶面前，你可以裝做是一個禮貌又沒有酒量的人；在剩下的客戶面前，你裝什麼都沒用。

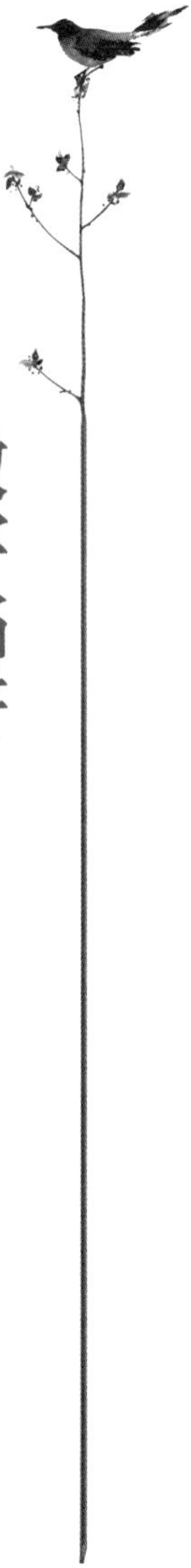

數字陷阱

我們在那一年的年底出貨，花了半年的時間。客戶很開心，投資方也很開心。業務的發展以雷霆萬鈞之勢，迅速的在中國及東南亞市場闖下一片亮麗的天空。研發團隊開始迅速膨脹，我開始叫不出有些新進同仁的名字，一切如此美好。

除了獲利。

這件事是經營管理會議時我注意到的。數字矛盾如此明顯，大衛是老江湖，不可能沒有發現。

原來數字的背後有神祕的意義，我第一次發現自己的天真與對資本操作的無知。因為這件事情，主管間有了不同的想法，以各自可以理解的方式解釋對方，最終決議是我留下來處理殘局，高階主管決定全部辭職，開闢另一個戰場。

大衛答應我，有一天我可以光榮歸隊。

那一天，我猶如上海保衛戰的謝晉元，接受了留守四行倉庫的任務。歷史的運行軌跡十分雷同，謝晉元留下了八百壯士的美名，其實只有一個員額不足的團，多數是客家硬頸子弟。苦守陣地，任務完成後，迫於現實壓力黯然轉進租界。

全體繳械。

最終絕大部分的部隊，再也沒有機會歸隊。包括謝團長自己。

老鳥真心話

不能棄捨團隊，即使是一兵一卒。

在守四行倉庫的日子裡，我相信謝晉元團長什麼情況都想過，唯一沒有想的就是棄捨團隊，自己投降或者逃跑。如果去查查他是怎麼死的，你也許會非常驚訝。然而這就是命運的弔詭之處。歷史不乏先例，也不缺少未來的後繼者。

我並不後悔自己守護團隊的決定。也許就是為了在最後生命紀錄中不想愧對自己。

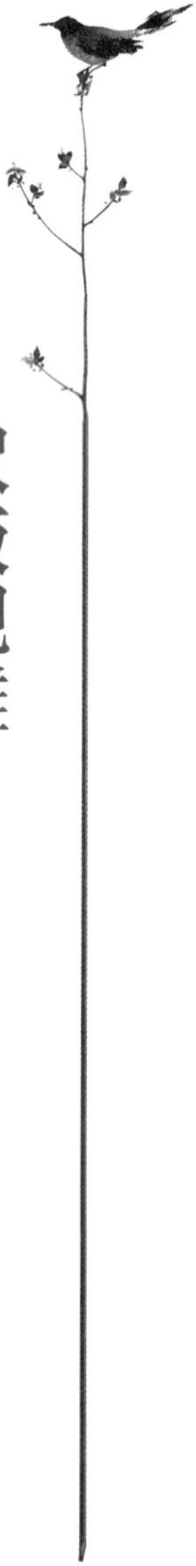

眾叛親離

當時的事每個人都會有對自己有利的版本，以對得起自己所剩不多的良心。職場裡本來就存在著「羅生門」，我的版本肯定也是一種從自己角度出發的偏見。想談的是怎麼面對這些難堪，怎麼調整自己，怎麼走出來？或者說怎麼全身而退。

有一款當年旗艦產品，外觀機構的設計十分精巧細緻，功能強大，堪稱人見人愛。泰國客戶以非常好的價格打算跟我們預訂五萬臺，要求在東南亞獨家銷售。如果順利出貨，該產品獲利會在一千萬美金左右。獲利率約百分之四十。

在產品設計驗證階段，發現組裝不良率很高，只有不到百分之五十的良率。

問題出在一個關鍵的機構零組件。客戶催貨很急，因為之前沒有類似品質問題，客戶非常信任我們，媒體廣告也都出去了，一定要準時出貨否則要賠償相關損失。

那時大衛跟傑克都離開了，我一人孤軍作戰。權衡得失之後，我決定進行「風險備料」，完成驗證前就下單進行關鍵零組件備料，否則量產肯定跳票。備料金額約兩百萬美金。

這是一個專業經理人未經仔細評估利弊得失，過度自信時典型的錯誤。

我直接說結果，後來這批貨因為品質問題並未解決，客戶要迴避風險要求降價三成，並減少一半出貨量。直接間接損失約一百萬美金。

客戶很不滿意，老闆一定很生氣，但是老闆修養好，從來沒有叫我進去他的辦公室。可是不說也是一種說，事情不會這樣結束。

還在西雅圖開會，就接到開會通知，回臺北後馬上到某飯店用餐共商大計。三杯下肚，老闆沒出現，哥哥們溫言軟語，希望吾弟以國家社稷為重，新事業亟需仰賴長才以濟時效云云。氣氛有點詭譎。

主謀者拿出團隊名單：「新事業請老弟點將。」這個不行，這位已另有任用，菜鳥可以，老炮沒問題，車馬炮能打能衝的一概免談。

「告訴我給我誰吧？」一百人團隊剩下兩枚士跟幾隻兵跟卒，兵跟卒的名字我都想不起來。

後來核實了一下，出國期間重要幹部已被約談，新的工作內容與薪資條件已經談妥。妙的是沒有人通知我。問題在誰？當然是在我自己。

「道義」兩個字，在電影裡有，在小說中有，在現實中沒有。

如果你讀過古龍的《流星蝴蝶劍》就明白，故事中的「老伯」被最信任的一把手「律香川」刺殺，最後一刻床板一翻跌入地道，雖中了絕命七星針，「老伯」卻最後揚長而去。

我怨不怨哥哥們，老實說不怨；怨不怨富爸爸，更不怨，到現在他對我都沒有一句惡言，真是有氣度的老闆。我自己要負完全責任。

但是有老婆有孩子，一定要有全身而退的萬全準備。最好用不到，萬一時候到了，才不會坐以待斃。全身而退談何容易。沒有兵權要逃過追殺有幾個條件，可以野人獻曝一下。

一、不要因為動氣，而失去冷靜，去做一些損人不利己，玉石俱焚的事。

二、不要在老闆旁邊開一家店跟老闆搶生意，這樣有失厚道。

三、不要怨天尤人，以為全天下都對不起你。尤其是離開你的夥伴。

是誰犯下的錯誤判斷，是我。如果以為這是唯一的因就錯了，那只是個導火線，真正的原因在更早以前就有，只要願意平心靜氣，一定可以找到。為什麼哥哥們要聯合揍我，富爸爸為什麼沒出面阻止？

事後其中一位年長我幾歲的哥哥安慰我，他算出拳比較輕的，跟我說了一句話：「你太天真了。記不記得你去年尾牙上做了什麼事？」

當然記得，我振臂高呼：「去年我們做了十五億，今年成長三倍，做了五十億。明年繼續努力，我們以一百億為目標！」團隊的兄弟們歡聲雷動。因為業績表現突出，那一年我坐在董事長旁邊。清楚的感覺幾雙眼睛冷冷的注視著舞臺上的我。

他問我：「你知道不知道去年整個集團做的業績是多少？才兩百億不到。不捧你捧誰？」

我撫著看不見的烏青，心中突然閃過一道光。

在順風順水、意氣風發時，我完全不考慮到他人的感覺，洋洋得意，還以為好的業績完全是自己和團隊努力的結果。《雍正王朝》裡也有這麼個角色，他叫年羹堯。

如果可以重來我會這麼說：「過去一年，市場給了我們成長的好機會，可是我們還有很大的努力空間，感謝供應鏈與工廠的支持，更感謝公司資金運作的運籌帷幄，這是大家的功勞，謝謝老闆，謝謝團隊，謝謝大家。」是不是好些呢？

團隊近百人，沒有任何幹部通風報信，原因是別人的威脅利誘嗎？或者部分是。真正的原因是我已經失去人心。

人心始終是個最難處理的問題。因為裡面有一個摸不著的人性。說到底就是一個權力分配與權力平衡的問題。有趣的是我竟思考著，如何像武俠小說裡的虛構人物般安然脫身。

老鳥真心話

肉搏戰寧可沒有朋友，但背後不能有任何敵人，任何。

朋友在遇到困難時不見得能幫上你，但是敵人不是會推你一把就是見死不救。何況朋友未必是朋友，凱撒的朋友布魯圖斯對凱撒做的事，絕不是歷史故事。

狼群圍殺你時，緊靠著牆，而且知道何時啟動機關脫困。牆的背面是什麼，只有你知道。從來天無絕人之路，只要還是有良心的人，老天一定會留了路給你。

留言板

青春猶如一多情女子，
歲月蒼蒼茫茫，
當時的約定有如以前火車站的留言板，
旁邊一地菸蒂，
過客們寫下的留言已經塗塗抹抹難以辨識。
仔細辨認，
有些是一點點叮囑，有些是一點點惋惜。
最終，鈴聲響起，
過客各奔前路，背起行囊留下一眼回望，
啷匡啷匡。

——辛棄疾〈采桑子・書博山道中壁〉——

少年不識愁滋味，愛上層樓。
愛上層樓，為賦新詞強說愁。
而今識盡愁滋味，欲說還休。
欲說還休，卻道天涼好個秋。

第四章

或躍在淵

如果運氣夠好，經過多年的努力，你已經登上第一座山頭，視野遼闊，空氣清新，可是另一座大山橫阻在前方，由於多少有些距離，你幻想著那裡有更高大的原始森林可以任性砍伐，有更多珍禽異獸可以滿足你團隊的口腹之欲，於是你有如當年的曹操，指著遠方想像的烏梅林，驅策著大隊人馬繼續前行。

直到發現由於情報資訊的錯誤，看到的那座高山與你之間是一道難以飛越的深谷，雲深不知處。沿著山壁垂直懸吊下山，所有重裝備必須捨棄，兵困馬乏，前途茫茫。

你想回頭，發現後來者已經佔領了後方的豐饒之地，進退失據，暗夜追悔莫及，白天你依然要精神抖擻，讓所有的弟兄察覺不到你內心中的恐懼不安。

猶如在霧中航行於礁石密佈的無錨之舟，只能在觸礁前繼續向前。或躍在淵，乘浪起伏，冷靜沉著。

二〇〇七年春天

世界品牌手機大廠開始體認到臺灣手機方案的價格性能優勢，然大勢已去。中國開始有大型手機 ODM 團隊，與臺廠展開激烈競爭。

三年後，臺灣手機 ODM 廠全面潰敗，主要品牌客戶被山寨機打趴，開始往智慧型手機轉型。HTC 異軍突起。

守則 練習場只是揮桿，站上果嶺才見本事。

無論是在一個新創公司，或是一個五百大企業，市場在變、局勢在變、周圍的情況也在變化。埋頭苦幹的時代已經過去，眼觀四面、耳聽八方才是保命之道。如果有一個優先次序，可以從幾個角度思維：

一、目前所處的是不是正在上升的產業。

二、工作的公司是不是對的公司。

三、團隊是不是一個對的團隊。

四、自己的心態是不是正確。

「知己為明，知人為智」就是心態。不能知己，爬得愈高跌得愈重。我們常說人生知己難得，以為講的都是別人，其實我們如果連自己都不瞭解自己，別人要瞭解你的困難度更高吧。

現今到處充滿了正能量與心靈雞湯，恰恰我認為這些話語沒有讓我們認清自己，於是大家胼手胝足的往上爬，發現一路上非常擁擠，幾乎無立足之地，還不時有人架拐子，有人吵架，有人一步踏空翻落下懸崖。

還算幸運，跌倒時旁邊總是有夥伴可以幫我一把，因此不至於太慘，也很快的重新上路，撲上去迎接下一次的跌倒。但是幾次之後，意外的發現自己跌倒的狀況與姿勢驚人的相似。「重蹈覆轍」於我不是一個成語，竟然還是一種生命反覆的現象。

「從哪裡跌倒從哪裡爬起來」，是一句大家熟知的話。有一個進化版是說「爬起來還要抓一把土」。然而爬起來一定是必須的嗎？如果沒有想清楚，看明白，自己為什麼在那個地點，那個時間，以那種姿態仆街，慣性的思考與行為模式確實會讓我們重蹈覆轍。

春夏秋冬，成住壞空。周而復始的現象，佛家說這是一種「輪迴」。而釋迦牟尼佛告訴我們，這是因為我們無始以來的習氣。所以我們一定要學著提醒自己，跌倒之後先別忙著爬起來。

別讓習氣綁架了我們。

人性的考驗

那一年的春天，覺得是該離開的時候了，之前一起創業的夥伴已經離開，我留下來把客戶的問題處理完，打開抽屜，裡面有十幾個過去數年開發的產品，每一個產品從外觀設計，到硬體功能驗證，到軟體整合測試，像每一個孩子一樣都有各自成長的故事。看著一部部手機，突然我覺得累了，因為「人性」。

千萬不要考驗人性。對老闆、對客戶、對同事、對自己都是一樣。人性有許多弱點，貪婪、狡猾、軟弱等等。以團隊工作紀律為例，如何鬆緊適度的管理是大學問。這種事沒有標準答案，但是需要謹記人性是有弱點的，不要考驗人性。

面對利益與權力的時候更是如此，不要用自己的標準論斷其他人的是非。

每一個人都有道德標準與意志力的極限，因此不能夠用自己的標準來衡量他人。職場上我們每一天都是在現實與理想之間拔河，勝固可喜，敗亦欣然；掌聲留給別人，噓聲留給自己。人在江湖，留給別人一些餘地，君子交絕不出惡聲，自己也可以因此心中一片敞亮，波瀾不驚，然後路可以走得更遠。

人生如棋，這一次我猶如古龍武俠小說中的老伯，對如何全身而退成竹在胸。老伯在他的床底下安排了機關，機關啟動，床板旋轉後跌進地道，有一隻小船和一個船夫始終等著他，這一天也許不會到來。

但是這一天畢竟來了，老伯準備好了，所以他能死裡逃生，東山再起。當機關啟動，他如何確定有船有人？書中沒有交代，現實中卻不能有一點閃失。

我也準備好了，只需要一把火。而火柴就在一步之遙。

真正屬於你的，都應該是輕鬆自在的，需要拼了命的，原來都不屬於你，因此失去也理所當然。然而如果你沒有多想幾步，什麼都是過眼雲煙。

那陣子經常有朋友問我這件事，我淡淡的說：「命啊……」其實真的不是，但是又難以用三言兩語解釋清楚。

大家都知道戰國時期，鬼谷子有兩個很厲害的弟子，一個是蘇秦，一個是張儀，他們是鐵哥兒們。蘇秦主張「合縱」，張儀主張「連橫」。錯了。蘇秦一開始嘗試的方案其實是「連橫」，因為不被秦惠王接受才轉而倡「合縱」，最後佩六國相印，秦國因此十五年不能跨出函谷關一步，堪稱前無古人，後無來者。這件事告訴我們面對局勢變化時，我們手上至少要有正反兩套劇本。

那一年，智慧型手機已經隱隱然即將成形，即將是市場主流，這就是我要的火柴。

HTC在前一年創立自有品牌，市場即將引爆下一波板塊移動。漫天巨浪已經靠近，我沒有猶豫一步躍上浪尖，時也？命也？運也？我也說不明白。五年之後，HTC市值超出諾基亞。再一個五年HTC也在生死邊緣掙扎，企業跟人一樣，手上不能只有一套劇本，曲終人必散，有生必有死。

而生死無常。

套句中國暢銷小說《三體》的話：「我要毀滅你，與你有何相干？」其實我想要把問號改成句點。

產業界線愈來愈模糊，在職場浮浮沉沉的我們，眼明手快是天天要練習的功夫，最終要沉澱出屬於自己一套能進能退的本事。擁抱著自信與新的夢想，放棄了原來的球場，再度揮桿，看著那顆球，飛向遙遠的天空。

往身後望去，只剩幾個打不散的生死弟兄。沒有項羽烏江難渡的悲情，策馬過江，像射出去的箭。江東子弟多才俊，捲土重來未可知啊……

老鳥真心話

留意周邊，永遠要準備跳進新的散兵坑。

人都怕被利用，但是如果你沒有被利用的價值，其實是一種最無可救藥的悲哀。假使你在團隊是可有可無，只有在垃圾時間跑龍套才上場，那就表示你沒有任何角色。

專業經理人要不斷創造自己被利用的價值，聽起來很無情，但是這是事實。職場是一場個人與資本市場的博弈，個人表面上看絕對是輸家，但是我們要從另一個角度看這件事。大恐龍滅絕了，人類統治了食物鏈的頂端。但是有一天人類滅絕了，相信我，在我們身上的細菌，一定還是開開心心的找到下一個宿主。

記住，我們要學習像青苔一樣頑強。

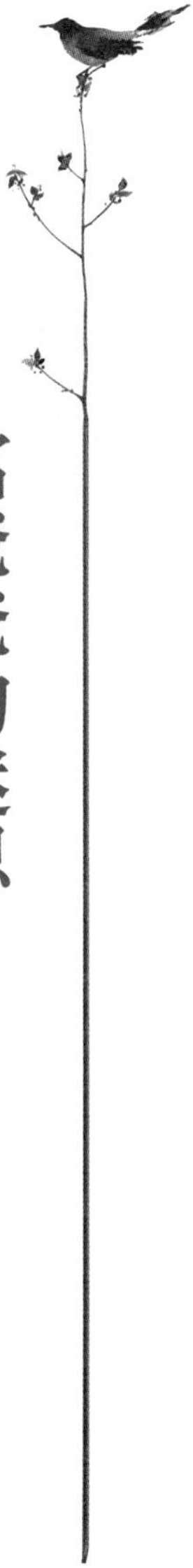

富爸爸的迷思

這次我真的以為找到了最佳拍檔。

Jason 是非常有經驗的專業經理人，在世界級大公司歷練完整，跟我完全是「海龜加土鱉」的完美組合。加上他沉穩內斂的人格特質與深厚的技術背景，由他擔任 CEO，我真的覺得這次不成功就是沒天理了。

客戶在全世界只有三家，目標如此明確，登頂的榮耀如此讓人神往，代號分別是崑崙、喜馬拉雅與落磯山。分別座落在中國、北歐和美國。工程師當然要找最好的工程師，設備當然是要買最好的設備，實驗室當然是要與外國實驗室同樣規格。

三個月兩百人的精英團隊建置完成，一時多少豪傑，花錢自然如流水。

我們都是專業經理人，這一次都是兩個人第一次真正的創業。兩個優良的練習生，穿上了最酷的裝備，我們揮桿直上果嶺，背著最好的球桿，上了果嶺發現兩個人都不知道如何推桿？簡而言之，我們懂得如何開發產品，卻不完全瞭解生意的本質。

我們都熟知 ODM 遊戲規則，但是在新的 Solution Provider 市場我們都是無名小卒。就像麥可．喬丹 (Michael Jordan) 在籃球場上天下無敵，在高爾夫球場卻只是個遜咖。

練習場只是練揮桿，上果嶺才見真章。練習場是安全的，動作也是相對單純的。果嶺需要的本領是在果嶺才有辦法練就的。

但是我們有富爸爸。富爸爸好不好，當然好。但是也有不好的地方要謹記：

一、富爸爸的錢是他賺的，不是你賺的。

他會賺錢有他的時空背景，重要的是那是他的錢。常常碰到工程師買了貴重的儀器設備，用了幾回就晾在旁邊。問他為什麼如此，最常聽見的回答，目前不會用，以後還會用啊……請牢記，珍惜公司的資源是職場的一種本分。

二、富爸爸可能是白手起家的，可能你不是。

如果富爸爸是白手起家的，你要特別注意他是怎麼成功的？是運氣還是時代給的機會。如果你覺得是運氣，勸你走為上策，世界上沒有那麼多運氣。如果是時代因素造成的，那你要好好觀察現在趨勢跟他那個時代有何不同，你怎麼去處理那個市場或技術缺口。

三、富爸爸通常不會只有一個兒子。

是的，富爸爸通常多子多孫，你也許是他最小的一個孩子，但是不見得是最愛的那一個。幾個哥哥聯合起來揍弟弟是常發生的事，而且哥哥們打完弟弟，還會跟富爸爸說，弟弟淘氣，為了除君父之憂，我們兄弟處理好了。

四、富爸爸通常很忙，逢年過節才會出現。

你哭也沒用，富爸爸不是你的保姆。你要盡快脫離奶瓶、找到廚房、知道冰箱裡會有什麼、學會下廚、做幾道菜餵飽自己。

五、富爸爸喜歡講他當兵的故事，而你也許連成功嶺都沒去過。現在的年輕人連踢正步大概都沒聽過了。富爸爸不是，他當兵時也許在馬祖大二膽之類的。他的故事你要專心聽，他能活下來有他的本事。

書讀呆了，以為每個問題都應該有標準答案，真實的人生不是，現實的職場也不是。你必須自己用心去揣摩，別人也許可以幫你指路，但是沒辦法告訴你這裡有個坑、那裡有個坑，只能告訴你「肯定有坑」。

老鳥真心話

一招難以打遍天下，也沒有白吃的午餐。

在這之前我擅長的就是快打旋風，相信天下武功唯快不破。快速的推進到海邊，發現沒有渡海的船舶，團隊裡沒有人會游泳。

大軍駐紮在海邊要吃要喝還要造船，船還沒造好，糧草已經消耗殆盡。多少新創團隊前仆後繼的死在沙灘上，難渡彼岸，都是犯了類似的錯誤。

不得已的情況下只好去借糧草，然而天下沒有白吃的午餐，飲鴆止渴的結果昭然若揭。「草船借箭」是《三國演義》裡的傳奇故事，真實世界要殘酷許多。

失速列車

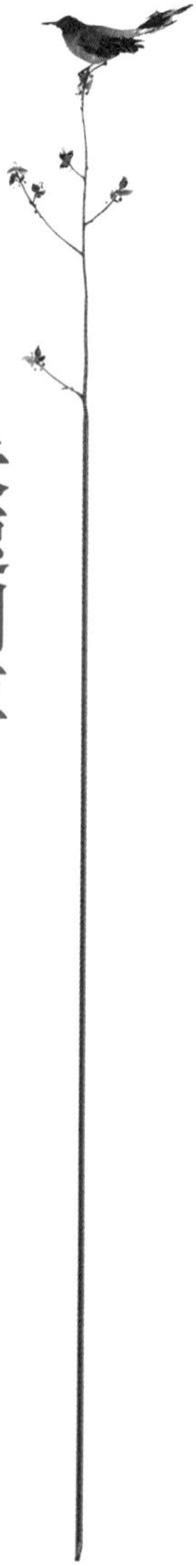

我們都有大團隊運作的實際經驗，大團隊分工精細，每個人都有各自專責的領域，在ODM的運作上順暢熟練。但是在新的商務模式，我們其實是應該要循序漸進式的突破競爭者的壟斷。我們其實需要的是海軍陸戰隊，先在某一個項目單點突破，然後再逐步深入。

我們發現研發人員太多，儘管旌旗蔽空，軍容壯盛卻過不了江。最後決定開闢第二戰場，投資在一個未來的項目，這個項目技術的難度極高，但是可以在市場建立技術壁壘，我們決心把最精銳的人力投入。

為什麼我們要找這麼多人呢？因為慣性，並不是因為需要。後來我歸納出來一個經驗，創業初期人員愈少愈好，在精不在多，專注在某個技術點上突破，建立團隊聲譽。得到訂單初步獲利後再逐步擴充戰線，增加人力。

我還是犯了好大喜功的毛病，想要一桿直上果嶺，這就是我一貫的習氣。Jason 一定發現了，但是他並沒有指出這個問題，也有一個可能，我們太像了，當時並沒有感覺懸崖已經在前方不遠處等著，我們反而全速前進，猶如失速列車。

直到破產前六個月我們發現了，懸崖就在眼前。

那時我們的 A team 已經完成產品雛型，B team 也順利達成預定目標。因為我們有最好的研發團隊，深深自豪，也無比慚愧。我們竟必須放棄一組人員。那段時間我相信 Jason 跟我一樣，一定夜夜難以成眠。

風聲傳開來，軍心動搖得很快，大家都想知道自己是否在資遣名單中，資遣條件如何？有的人想走，有的人想留。手心手背都是肉，我們找所有的主管集體談話，說明公司的困境與未來可能性，說到動情處，我自己都不禁落淚，但是大家表情都很冷靜，似乎已經做好心理準備。

在最困難的時候，眼看著一切即將灰飛煙滅，而陽光依然無所謂的燦爛。原來天地不仁若此，以萬物為芻狗。走投無路四個字以往只是成語，那些日子卻是深有體會。

曾經試著想如果這是生命中最後一天，我會如何面對現實，也曾經試想如果生命確實是無限的，確實由業果掌握著輪迴，我又會如何取捨？有趣的是我得到的是同一個答案。之所以看起來有這樣那樣的方案，究竟處其實是自己的貪執，看清楚後其實抉擇並不困難。

Jason 和我最後的決定是：

一、資遣者加發兩個月的離職金。

二、留職者減薪百分之二十。

三、尋求第三方資金，必須在六個月內完成增資。

一個月後，我們損失了一半的戰友，包括天才般的白衣少年蔣睿，另一半隨著我和 Jason 戰鬥至最後達成投資者的目的，把方案推進世界級移動通訊公司。那家現在其實算是已經消失的公司，代號「芝加哥」。在北京簽下合作契約那天，外面下著大雪。

老鳥真心話

成功得莫名其妙，失敗得理所當然。

成功有天時、地利、人和諸多條件，沒有思考得很透澈，想要在另一個戰場，用同一種戰術，用同一套人馬複製成功是天方夜譚。我們都能理解世界杯足球冠軍不可能拿到籃球冠軍。可是在現實中我們常常犯這樣的錯誤。

歷朝歷代發生了許多一旦天下一統，誅殺功臣的事。馬上得天下，沒辦法馬上治天下。皇帝很清楚，因為他知道真實的成本，他實際負責運營，他要承擔歷史功過成敗。老闆也是。想當老闆要懂得開局，也要想好怎麼與尾大不掉的功臣周旋，跟婆媳問題一樣，都是人性中最無解的一道千古難題。

天上偶爾會掉下一個莫名其妙的禮物，如果沒有仔細推敲，打開來也許就是一個包裹炸彈。炸得我們體無完膚，甚至粉身碎骨。

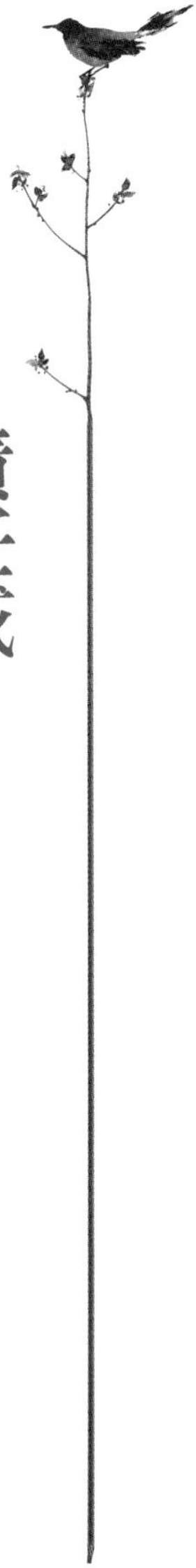

責任感

我和 Jason 都覺得對團隊很虧欠，有一次他非常激動的跟我說：「我們對這些兄弟姊妹負有責任，一定要幫他們找到可以繼續一起打拼的地方。」雙拳緊握。

那陣子，辦公室的白板上不再是未來的產品規劃討論細節，而是國內外幾個大 ODM 廠的談判進度。

「如果對方不要我們加入，只要我們的團隊也可以。」

我點點頭。

回想起來很有意思，當時卻很糾結，老實說，我們兩個完全沒有考慮自己的退場機制。現實的情形中我們兩人有時是可口美味的雞翅，有時如同可有可無的雞肋。

有的公司要團隊，不要產品；有的要產品，不要團隊。要團隊又要產品的公司，恰恰大家都不想去。

後來團隊去了團隊各自想去的地方，設計方案已成熟到可以馬上量產的產品落到另一家公司，不費吹灰之力。該是誰的就是誰的，人間正道是滄桑。

短短三年，燒完七億。有富爸爸的錢、有投資者的錢、還有我們自己的積蓄。我從來不玩股票，更不用說賭博，創業是由小康到赤貧的最快路徑，聽起來挺諷刺往往竟是事實。

獵人頭公司風聲很快，開始跟我接觸，帶來的訊息十分有趣，喜馬拉雅在找一位負責技術與業務經驗的高級主管，任職地點北京。一切資格條件均十分適合，進入最終面談，隔著幾萬公里視訊會議的畫面，我感覺到對方的焦慮。我的條件很簡單，必須用臺灣的智慧型手機方案，同時臺灣必須要有核心開發團隊。對方的面孔很凝重，說三天後給我回覆。

答覆始終沒有到來。

數年後喜馬拉雅放棄他們引以為豪的作業系統，引進微軟的方案，兩家非主流策略聯盟並不會變成主流，最終一蹶不振黯然退出手機市場。

我和 Jason 帶著各自剩下的幾匹馬，帶著數日糧草，各奔東西。這顆球看起來像是直奔果嶺，其實是被路過不經意的觀眾無意間接了個正著。

結案，月黑風高各奔前程。春夏秋冬，成住壞空。

老鳥真心話

失敗可以教你的事比成功還多。

在那幾年的時間，通訊板塊的迅速轉移，成王敗寇、血流成河。所有巨人無一倖免的轟然倒下，難道老天爺對他們特別無情嗎？

我認為不是。過去引以為傲的成功經驗蒙住了眼睛，拒絕相信他們即將出局的事實。「科技始終來自人性」，創造這句口號的公司，啟發了無數科技工作者，但是後繼者最終背棄了原則，在自己的信條中埋葬了自己。

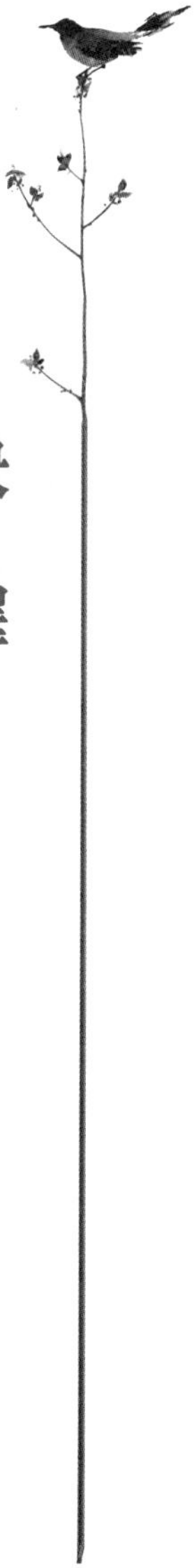

抉擇

當時我可以有兩個抉擇，帶著剩下來的弟兄投奔超級怪獸，這看起來是一個順理成章的選擇。另一個選擇是另起爐灶，重新再來。我選擇了後者，基於一種簡單的直覺：「我會快樂嗎？」

我偽裝過狼，偽裝得唯妙唯肖，但是我始終不是狼，我身上沒有那種氣味。事實上我還有一點最深沉的顧慮，如果我學會了狼的所有必要生存手段，就一定會失去自己，別人會以為我是狼，連我自己也是。

新的公司是一間本土企業，一直想開創新局，找尋新的技術與產品，我的加入從時間點來看是恰逢其時。經過幾次內部創業的失敗，我很清楚企業轉型時領導者的決心，端看其口袋有多深。

另一個極關鍵的因素是，體制內供應鏈是否可以給予足夠的支撐。在當時這兩個客觀條件都是具備的。老闆頗有威嚴，這一生就只有在這家公司工作，眼光卻十分精準，看到了危機也看到了未來。

我遇到所有空降部隊遇到的問題，戰場清空，等待救星降臨，也有人期待著好戲上場。在這樣一個困難的時候，還是有幾位弟兄跟著我，形成我最重要的核心骨幹。

這一次重頭再來，我自己也下場參與產品的設計開發。離我上次真的動手寫程式已經十年過去了，但是就像騎腳踏車一樣，你學會了就學會了，老天沒有棄捨我，我依然可以是個軟體開發者。人不能忘本，學校裡學的也不能忘記，工程師始終要忠於自己的本分，不要丟下吃飯的傢伙。

生命河流的速度突然就慢了下來，我每天從文湖線的終點站轉公車，再慢條斯理的走到公司。一路上我有很多的時間反省過去和思考自己的下一個舞臺。慢慢的我逐漸清晰未來的方向，中年的油膩使我動作遲鈍了許多，謀定而後動是恭維了自己，老狗玩不出新把戲，剩下的只有嗅覺。嗅覺告訴我，未來在遠方。

但是我必須準備一些乾糧才能上路。重新開始看技術文件，重新學習網路開發程式，重新讓自己像一個技術專業人士。

我選擇了物聯網作為下個舞臺，穿戴式產品作為敲門磚。以前雖然看不見對手在哪裡，起碼還知道對手的公司名稱，現在的對手更為難以捉摸，客戶更為分散，天下大亂情勢大好。對我而言是一個產品方向的大轉彎，就技術而言只是重新換一個跑道。從前做的是單一的產品，以後要思考的是整體服務方案。

老鳥真心話

職場上需要弟兄，也需要兄弟。

在戰場上可以一起出生入死的稱作「弟兄」，在江湖上一起大口喝酒、大塊吃肉的是「兄弟」。這兩種人在職場上我們都需要。中國有一個大家都知道的白酒「二鍋頭」，有一句廣告詞：「用子彈放倒敵人，用二鍋頭放倒兄弟。」

如果你觀察一下自己周遭只有「弟兄」，那你可能是研發類的人格特質，如果是「兄弟」比較多，可能是業務類的人格特質。如果兩者都具備，也許可以考慮自己創業當老闆。

如果兩者都沒有，也可以當老闆試試運氣。但是你需要很好的運氣。

一生懸命

日本客戶希望做一個結合瑞士鐘錶的精髓，與物聯網技術的高端產品。技術難度極高，完成的話將是全球第一個這樣類型的產品。客戶溫文儒雅，對產品的專注令人感動，對規格自然是一絲不苟，我們結結實實的體驗了日本客戶對目標的堅持。

軟體的合作方是杭州的一家新創公司，在杭州進行技術對接討論。時光彷彿回到當年在深圳跟「雷博」的團隊討論技術問題。當年我還有蔣睿可以跟對方華山論劍一番，今天我手下已無軟體大將可以一較高低。念頭一轉，何必拘泥於臺灣一隅，畫地自限，人才無國界，論英雄何分楚漢？

杭州是個很特別的地方，沒有北京的開闊格局，沒有上海的指天畫地；那樣的湖，那樣的江，於是有那樣的人。相談甚歡，彼此都覺得相見恨晚，沒有辜負那一晚的一壺好茶。一夕談完我頓時有海闊天空的感覺，有些想不清楚的事情也就有了答案。

日本客戶很有人文氣息，東京大學歷史系畢業，主修羅馬歷史。出差到東京時，他常常聊著聊著就會聊到他的家庭，他的女兒們還有他的作家夢。終於有一天他非常開心的送了一本書給我，上面有他的親筆簽名。

我驚訝的說：「啊！你真的變作家了。」

他有點不好意思的說，得到一個小小的文學獎，自己出錢印了五百本，出版社會根據銷量再給他版稅。

我說可惜我看不懂日文，他說沒關係，裡頭有一篇他年輕時寫的愛情故事，最近想了想重新寫一遍，可以說給我聽。於是兩個同年齡的初老男子，在東京近郊「青梅」的居酒屋中，交換了彼此年輕時的夢想。

一位日本當紅的推理作家，跟他是大阪高校同學，兩人相約要努力在日本文壇闖出一片自己的天空。結果他讀了東京大學歷史系，反而進了科技產業，他的同學是理工科系，最後辭掉工作，忠於自己的選擇成了推理小說作家。

「為什麼想寫呢？」我問。

「寫了才能給自己一個妥當的句點啊……」他答得理所當然。我蠻喜歡他用的「妥當」這個形容詞。

「重要的是寫完了我也走出來了。」他說這句話的時候，眼睛清澈明亮猶如十七歲的少年，月夜無星。

我覺得還挺有道理的。

「人的一生經歷許多逗號、驚嘆號、問號，也在想要或不想要的時間點，被自己或命運標上了句點。句點是一種暫時的結束，也暗示著下一階段的開始，或者再也不會有任何的開始。人生這本散文體小說，一篇篇文章讀下來，一般是句點少些，逗號也許多些，偶爾有些驚嘆號，或猶豫遲疑時冒出的問號。」

他說完帶著醉意，還用力捶著桌面：「夏研君，再不做自己就沒機會了！」

我點點頭，把酒乾了。心中浮現的是「我的句點」在哪裡呢？

在沒有標點符號出現之前，古人也抑揚頓挫了千百年，究竟是否真的需要？還是今人需要一些喘息，才能把人生這首歌完整吟詠？掛上「準備中」，給過往行人與遠方親戚一點期待，或者無奈的掛上「停業」，然後給上一個句點轉戰他方。

一年後，日本公司因財務問題把計畫停了，他也因此被技術性要求提早退休。最後發了個短訊給我，只有四個漢字：「守護初心。」

老鳥真心話

初心安在。

成功經驗極難複製，失敗經驗卻經常雷同，所以觀察別人的失敗是必須學會的本事，在未來的道路上警醒自己。然而有一天你會發現，你站在一個完全陌生的路口，在Google或百度地圖上也沒有任何標示。我的建議是，聽從你心裡的聲音。

目觸為色，耳聞為音，智者說皆為虛幻，苦口婆心勸凡夫們切勿執著。見水即飲，遇花即賞，原來只是一個過客的蜻蜓點水，無有不敬之意，人間風月何勞善知識掛懷。

曾經因著某個人一見傾心，為某件成敗皆可的事耗盡洪荒之力，以為是一種幸福，記住那種感覺。聽一首歌，或者吟一首詩，以為是一種共鳴，也記住那種氛圍。人的記憶力會漸漸模糊，內心的觸動卻不會。

人不能按自己想的方式活，最終很可能會淪為按著活的方式想。忠於自己，最終你會不需要地標就可在紅塵中自在行走。

人生如歌

感覺有時候歌有自己的生命。
跟人一樣，離開故鄉，走遠了就有自己的風光。
人生如歌，
歌手隨著歲月的催折打擊，
聲音始於清亮，既而高亢，止於沙啞。
最終也許不覺慢慢走音乃至失控，
人生的起承轉合往往就是如此。
有的歌二十歲聽了只是因為旋律，或者是練練，
炫耀一下吉他的指法華麗。
四十歲能懂歌詞的意含，
五十歲也許才學會跟自己的生命促膝長談。

—蘇軾〈定風波〉—

莫聽穿林打葉聲，何妨吟嘯且徐行。
竹杖芒鞋輕勝馬，誰怕？一蓑煙雨任平生。
料峭春風吹酒醒，微冷，山頭斜照卻相迎。
回首向來蕭瑟處，歸去，也無風雨也無晴。

第五章

飛龍在天

終於你有了機會可以完全控制公司的資源和產品規劃，櫃檯前廠商送來的祝賀花籃色彩繽紛。在公司內你可以呼風喚雨，出了公司見了客戶你還是要鞠躬哈腰。有許多重要的事情需要你拍板定案，有更多雞毛蒜皮的事情需要你親力親為。

發薪日以前是你最開心的時候，那時你可以計畫晚上是不是去哪裡喝兩杯，現在你會想資金夠不夠支撐到下一個發薪日，明天廠商的貨款到期怎麼再拖幾天。

在天空飛翔固然快意，卻也要隨時注意油量表是否可以維持到下一個機場。失去速度的恐懼讓你神經緊繃、消化不良，原因只是你現在的職稱是——CEO。

二〇一一年冬天

物聯網時代悄悄來臨，BAT（百度、阿里巴巴、騰訊）三巨頭在中國快速崛起。小米手機第一代以「飢餓行銷」開啟新的商業模式。中國快速複製海外新的產品，以獨特的思維創新，青出於藍，更勝於藍，開始全面彎道超車。

「守則」一個洞打完，再打下一個洞，沒有人同時打好幾個洞。

大概沒有人可以知道生命的最後一句口白是什麼？我們都相信明天一定會到來，於是在為明天做規劃做準備。

真的有辦法把每一天當成生命的最後一天嗎？這種生命的態度其實是讓你重新思考優先人生次序，職場也是一樣。這種思考方式，在面對職場裡貪嗔痴的現形時非常有效，可以快速的讓自己回到穩定的心緒中。事情永遠做不完，問題永遠解決不完，於是我們每天都把自己調到最高頻率，全速運轉，始終處於過熱狀態。

有點像之前看的一部美國電影，醒來之後又開始重播昨天的劇情，一開始是有趣，甚至是戲謔，之後是無聊到自殺都完事不了。如果同時要處理太多程式，資源管理不好的作業系統會開始變慢，甚至當機，唯一能夠解決的方式是開啟後蓋，拔出電池，現在有的手機連後蓋都拆不了，於是你要耐心的等它慢慢消耗到最後完全沒電。

如果調整一下心緒，其實我們眼前都只有一個洞要面對。無論事情有多少，有多急，一次處理一個問題也許是最實際可行的方案。

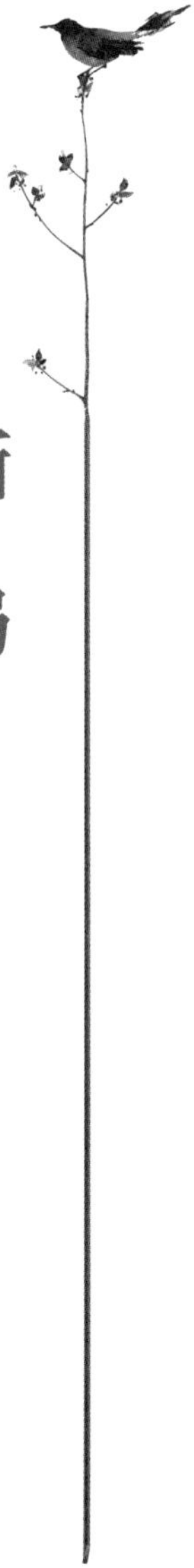

新局

老闆很大器，相貌堂堂，約我到深圳面談，當天就給我 offer。公司總部在深圳南山區，二十年前我來到深圳時都住在華僑城附近，這一帶還是未開墾的不毛之地。全公司平均年齡三十五歲，我的加入讓全公司這個數字拉高了一些。老闆笑稱我不是「古董」級別，是「骨灰」級別，倒也十分符合事實。

老闆是個讀書人，也是一個精明的生意人，酒量深不可測，是可以談心事也可以談國事的明白人。老實說我們專業經理人這一行，最怕的就是遇到糊塗的老闆。我不是諸葛亮，但是是遇上一個明主了。

既然是明主一定是手下戰將如雲、謀士如雨。我特別享受這種能打能殺，能吵能喝的氛圍。當時不只我一個臺灣來的高管，人人都是抱著「男兒立志出鄉關」的豪情壯志前來一展抱負。

深圳總部

到處看到的都是年輕人，總部看起來生機勃勃。整個園區也是一樣，中午用餐的時候，人像海浪一樣一波又一波。人山人海就是個事實，不是個成語。我常常需要從這一個辦公區走到另一個辦公區，開始時常常迷路，慢慢就習慣了。

出差時我經常住在一家叫「聖淘沙」的旅店，住的次數多了，服務員也都記住我了，有些老是記不住我的，多半幾年後還是服務員。跟餐館一樣，幹練的老闆娘去了兩回就知道，我一定點雞蛋韭菜水餃，生意不是人人能做的。偶爾會嘗試當地人才會做的事，好比搭野雞摩托車。違法但是不貴，師傅多是外地人，各種口音都有，旅店到公司從八塊到十塊都有。說八塊的是老實人，我也都給十塊，特別喜歡看到老實人因此露出的笑容。

上海研發基地

研發團隊在漕河涇開發區，團隊很年輕，只是缺乏系統化開發經驗。原來的研發負責人對我有一種天然的敵意，久了也就雙方釋然。

我很喜歡在上海出差時住在虹梅路巷內的一家旅店，名字很簡單叫「一居」。出了巷子就是公車站牌，每天早上亂七八糟的人來人往，排隊買早餐的、等公共汽車的、騎自行車的、雜亂無章的各自亂成一團，九點之後才恢復安靜。經常我就是擠在人群裡買兩個梅乾菜包子，三塊五，一邊走一邊吃著上班。樣子就是個鄉巴佬，滿足上海人的虛榮和對外地人的一貫理解。

上海本地的工程師有一種特殊的精明，拿多少工資幹多少活，不欺你也不讓你欺，因此讓我覺得十分自在。只是上海似乎不是一個容易交上朋友的地方，你一開口就知道你來自外地，於是大家只能客氣談談生意，其他就不必了。

杭州研發基地

杭州我來過幾回，第一次來的時候還在巨無霸公司，當時這裡是「小靈通」赫赫有名的U公司總部。如今人去樓空，改成創業基地。潮流會刷下一波波的技術專家，唯「青苔」不死。錢塘江潮起潮落，我心依舊，而人事已非。

杭州無可挑剔，之所以喜歡杭州，我想多半跟西湖有關。西湖邊上迷宮似的小道，常常帶你到一個此路不通的地方。也有機會會引你到觀光客尚未蹂躪之處，於是不覺就陷入了杭州人的包圍，完全聽不懂的吳儂軟語，身在江南猶如祕境。

臺北研發基地

畢竟同是一方水土的人，我還是把重要的平臺設計規劃交付給臺北團隊。

臺北就是我那段日子的休息站，有我原來的弟兄和一些新加入的研發新血，核心技術在此開發，但是因為許多主客觀的因素，人員流動很快。我因為在幾個研發基地遊走，心中逐漸對臺北團隊的效率和速度感到憂心，雖然一再耳提面命，成效有限，漸漸感覺一種大江東去的無奈。

場子搭建好了，戰鼓聲響起，眾將官沒能化好妝就匆匆上陣。

老鳥真心話

思考與直覺必須同時訓練，才能在現代叢林中生存。

老天對每一個人一樣公道，地球是圓的，選擇向左向右，也許都可以到達相同的地點，但是你我都明白即使終點相同，也是會有完全不一樣的風景。

你的選擇不僅決定了你怎麼活，也決定了你怎麼老去和死亡。臺北如此，北京也是如此。態度取決於格局，格局決定了未來。個人如此渺小，因此需要培養一種直覺。

所謂謀定而後動，關鍵在何時為謀定？我是一個比較大膽或者說是莽撞的人，通常超過百分之五十的成功機率我就敢出手，所謂百分之五十的機率也許在別人看來只是百分之四十甚至三十。

正好這兩天看 NBA 全明星賽柯瑞 (Stephen Curry) 的專訪，我才發現其實有另一個思考的維度。對一般運動員需要有一秒的空檔，專業運動員只需要零點五秒，甚至自己有能力去創造出那稍縱即逝的空檔。

於是問題不在謀定與否，而在是否有足夠的練習，在機會或危險來臨時做出反射動作。思考與直覺必須同時訓練，才能在現代叢林中生存。這是我的觀察。

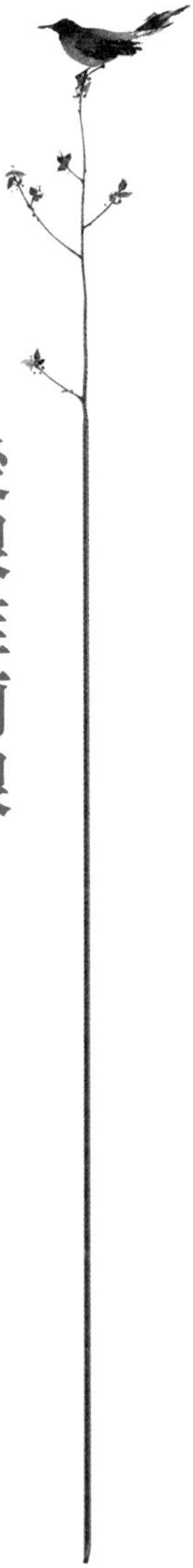

後浪推前浪

已經好一陣子沒到北京，這次來北京有一個重大的任務要達成。車到「小麥」北京總部，方案公司的合作夥伴已經準備就緒，今天只有兩個主題「技術指標與出廠價格」。電梯門打開有一種氛圍襲來，我立刻知道是什麼原因，全部的人只有我是白頭髮。

對談的客戶是個女生，姓楊，眼睛不正視著你，短髮俐落，兩句話就說：「您也是臺灣來的？」口氣沒有特別的意思，只是我心中有點刺刺的。

「我直說吧，你們的競爭對手就是臺灣公司，價格比較低。如果你們的技術支持能力沒有他們好，那就大家聊聊，交個朋友就好。」她補上一段下馬威。

「夏總是無線通訊的技術專家……」合作夥伴挺能吹的，我在旁邊一邊盤算如何接話。

「楊總對方案想必是瞭如指掌，我說明一下開發過程怎麼保證量產出貨時程。」她的眼睛慢慢亮了，開始有眼神接觸與意見交換。

「接著說明如何保證生產質量與產品出貨的一致性。」她終於願意專心討論。三十分鐘後，我們起身離開。

「楊總，謝謝妳的時間，臺灣的公司也不是都完全一個樣的。小麥也跟其他中國公司不大一樣。呵。」

「夏總，那肯定是。後會有期。」

下樓出了電梯，合作夥伴開心的握著我的手。「夏總，您這趟來對了。楊總想聽的您都說清楚了。」

我心中其實是一陣悲涼，自己已經五十幾了，楊才三十歲附近。如果讓我們臺北年輕的經理過來對陣，結果如何？中國在文革十年期間，有一個世代的人才斷層，改革開放四十年，無論在人的量與質上，三十、四十歲這個世代已經超越臺灣。身為臺灣老鳥的工程師，不但有後繼無人之嘆，也有即將死在沙灘上的現實問題要面對。

無論在中國哪一個城市，一種對明天充滿希望的氛圍，讓我既熟悉又陌生。熟悉的是三十年前在臺北街頭也有類似的感覺，陌生的是在過去二十年，這種感覺已經慢慢失去。

＊＊＊

順利拿下「小麥」的大案子，原廠供應商對公司支持力道明顯不同，美國方面還派了一組人馬來介紹未來的芯片與技術合作方案。派來的專家團裡有幾個東方臉孔，負責主談技術細節，休息片刻，其中一位主動走過來。

「夏總聽說是臺灣來的？」他說的是國語，不是北京腔。其實會議中我就感覺這幾位應該都是臺灣人。交談了幾句發現大家有共同認識的同學、朋友，距離立刻拉近不少。會議順利結束，相談甚歡。

「下次會議我們直接 conference call，我請同事安排。」

「沒問題，合作愉快。」我握握他的手。

隔週我已回到臺北辦公室，會議當天，跟幾個技術主管準備就緒，打開視訊接上對方。我看到了王穎。她似乎忘記我了。

那一年如果沒有王穎，我應該走不過那段放逐般的日子。她知道我要重考，也許是發自本質的善良，她始終陪著我。我把她的溫柔解釋為愛情，覺得很幸福很自在。王穎是南方的女孩，我沒有的特質她都有。陽光、開朗、笑起來很燦爛。她說有個喜歡的男生在新竹清華，既然從未見過，就把這件事當成不存在。

不知不覺我們就走在一起了，一起讀書一起吃飯。我還天天往她的信箱塞字條，她也是，跟現在年輕人發微信一樣。是不是戀愛呢？我以為是。一直也沒有勇氣問她到底喜歡誰？

那年的情人節決定有所表示，送了她一束白色的菊花，代表對愛情的堅貞。她生氣的把花丟在河裡，河是有名字的，只是我忘了。想起來了，是約農河，至今不曉得是什麼意思。

重考前，我們在學校後方一條隱密的小路上坐著，撐著一把傘，雨默默的落著。一句話也沒有，我們也許在等著什麼，我想。

但是什麼也沒有發生。她最後說：「走吧。」

重考後我到了臺南鳳凰花城，慢慢的她的信就少了。

基本上我不怎麼讀書，除非點名絕不上課，只是虛耗著玩樂團。靠著在大度山學的一點功夫，在吉他社晃了一整年，也有了自己新的樂團。反正微積分、物理學都學過了，考試也都能應付。花了比較多的時間在中文系和數學系，過著形而上的文青生活。

常常在宿舍寢室與信箱間遊走，看看今天有沒有她的信。始終不想承認這段自以為是的戀情已經不存在。

學長終於看不下去，要我把那一年裡王穎的字條一張張攤平，一張張讀一遍，然後撕掉，第一張真的撕不下手，第二張容易些，慢慢就沒感覺了。像進行一個祭典一般，最後他用菸頭點了把火，把紙條全部燒掉。

奇蹟般的我就活過來了。

老鳥真心話

所謂時間。

我們的心中可能有一個想見卻不能見的人，想完成卻未完成的事，如同始終未完成的一篇文章總是心有懸念。人與夢想的遇合離散也是如此，說是遺憾嗎？有點兒；說是難以割捨嗎？也還不至於。

萬物皆有盡時，無常才是人間至美。時間這種東西是一種生命的發酵劑，它可能讓苦澀的葡萄釀成美酒，也可能讓原本美好的食物發酸發臭，一切俱為無常。無常是佛陀對生命最直接的發現，業果只是一種理性思維後的補充，讓凡人如你我稍做安頓。

時間也是解藥。人生經常有些擦身而過，有些永不重逢，有些終成陌路，在當時你以為是唯一。還是有些人隨著一些事留在我們的記憶裡，不去翻它，以為它不在了，翻到了它，它會像網頁裡的超連結，稀里嘩啦的讓你目不暇給。

蛻變

那兩年，每年都飛了一百趟以上。從臺北到上海，到北京或深圳，回到臺北，繼續下一次飛行。有時半夜醒來，看看周圍要想想才能知道現在在哪裡。不知道下一次登機是幾點，不知道下一次落地是幾點？不知道下一餐是在哪裡吃？有時候有同事一路，多半是自己一個人。

我恆常背著一個背包，背包裡有一部筆電，也許一本推理小說，兩三套換洗衣物，逢山開路遇水搭橋，想像自己像一個清末闖關東的拓荒者，一種義無反顧的悲涼。

班機幾乎從來沒有準時過，有時候在機場還會發便當，曾經吃過兩個。有幾次登機完成，綁上安全帶，睡了一覺醒來，飛機還在停機坪上。

在機場候機時我不免會想，這些旅客是為什麼旅行呢？想想後不禁笑了，就是跟自己一樣啊……為了一個可能的客戶，為了一個可能的擁抱，為了一個想像的未來。

出差於我不僅是一種脫離軌道的自由，還讓我因環境的巨大變化與外面的世界有了對話。對話常常就是一句平常不會用的話，細想這句話也是夠沉著，一生躲在我的腦海或心底深處，只有在完全無法預期的時候才匆匆浮出海面，然而此時此刻沒有這句話又不足以形容。也許我也要學習這種流星般的沉著，飛行於黑暗的宇宙，一無平仄跌宕，也一無執著。

如果是從香港進深圳，有時我也會刻意選擇坐船。類似這條水路，我的祖先們曾經來來回回走過，遠到南洋某處以血以淚相拼，與叢林與瘴癘相搏。或者越過臺灣海峽與原住民及早期的移民者爭水爭地，既是侵略者也是被侵略者。有的再也沒有回來，埋骨他鄉，墳前不忘本的安立著堂號如「穎川堂」、「太原堂」之類。活了下來的回到老家蓋祠堂，翻修祖屋。有了我的父親叔伯，有了我血液中的地中海型貧血基因。

我今日亦如他們，行走於職場的黑水溝，有一日我的後代子孫們，是否也將繼承我突變的基因？基因裡是變色龍的隨遇而安，與形同月夜豺狼般的，在茫茫雪地追蹤獵物。

有段時間我負責市場開拓，規劃各類參展。自從第一次參加這種展覽，我就知道自己對陌生客戶有興趣。站在展場，人來人往，如何判斷川流不息的人群裡，誰是你的潛在客戶？有的人會迴避你的眼神，有的人不願意留下名片，有的人你一眼就知道，是同業出來收集情報，在很短的時間內，就可以看到各式各樣的人，帶著各自不同的目的。

參展另一個有趣的地方是，你可以遇到以前的朋友或對手。可以交換近況，談談彼此滄桑，可以約個地方深談，試探如今是友是敵。參展還是跟供應商聯誼的好時機，老闆們不免客套寒喧，對話中藏著彼此都懂的玄機。平時在媒體上才會見到的大人物，也會在走道上錯身而過或在會場展臺前偶遇。有些還有幾分姿態或威嚴，多數也是尋常人模樣，在汪洋的人海中，誰都是一尾隨浪起伏的魚。

在研究院時我們會在週末開車，從南加州殺到「拉斯維加斯」(Las Vegas)，然後各自按照各自有興趣的活動展開。老鳥會留下來過夜，菜鳥們會集合湊兩輛車，午夜再殺回南加州。我當時是菜鳥中的菜鳥，還要負責開車。因為都在夜晚，記憶中最深刻的是週五將要到賭城時，從山頭看下去一路迤邐的車上大燈，蔚為奇觀。

舊地重遊，卻是為了公司第一次跟日本客戶參展。時光留下了痕跡，二十年匆匆而過，有些飯店沒了，有些舊了，有些名字不會唸了。對我而言傷心的是，當時那些美味的餐館、脫衣酒吧都不見了，懷疑是不是記錯了，覺得自己的青春失去了有力的證明。

內行看門道，外行看熱鬧。我都看，也看怎麼吃。業務菜鳥要成為老鳥的必經之路，是由「有得吃就好」到「吃得客人滿意」。我注意到厲害的業務，通常也是饕客一枚，不懂吃的業務極為罕見。好的業務人員，必須對人生的方方面面有深刻的理解和修為。

尤其是看人。有句話說「見人說人話，見鬼說鬼話」似乎是個貶抑詞，形容一個人沒有原則，是種小人的行為。如果我們反過來呢？「見鬼說人話，見人說鬼話」就能成事嗎？還是不論是人是鬼，都說人話才是究竟？

觀世音菩薩的《普門品》中說，觀世音能根據祂要現身說法的對象，呈現不同的面貌而說法。凡人如你我，要學習的是觀察自己的「動機」，現在許多人在談「初心」，動機純正、初心良善，在職場崎嶇的山路上找到方法是必要的，不涉人間是非。

孔子被稱為「聖之時者也」，重點在「時」。「天時」為先，「地利」為主觀條件，最後要「人和」才能竟其功。

老鳥真心話

觀察、學習，然後蛻變。

職場的競爭過程中，一場又一場的爾虞我詐如同種子，有意或無意撒在心田，有些發芽得早，有些發芽得晚，但是遲早會用它獨特的方式成為一堆蔓草或成為花朵，甚至成為參天大樹。

這些年來，逐漸學習觀察周遭的人，以前我對人其實是不怎麼感興趣的，人心難測是其一，自己慧眼不具是其二。由於工作角色的轉變，因而有了機會可以體驗十年、二十年，甚至三十年的職場生涯對自己的淬鍊。

知己難得，江湖走久了多少會有點認識。對於專業經理人而言，最寶貴的其實是「舞臺成本」。累積了失敗的經驗，累積了成功所需要的條件，一旦要釀一罈好酒，唯一不能少的是釀酒的酵母。

酒需要酵母，還需要在酒窖裡一段時間的醞釀，職場的爾虞我詐需要時間的沉澱，時間的魔術師總能夠幫我們留下真實的韻味。因為有這群人對自己的摧打折磨，我們互相證明了彼此的青春真實存在。現實人生還是會繼續踐踏我們，因為有這群人的競爭砥礪，我們慢慢有了自己的芬芳。

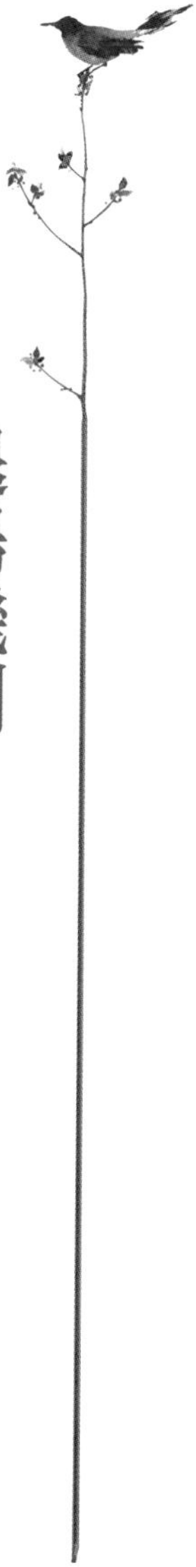

退場機制

我把當時最有機會爆量的案子「魔鏡」放在上海，主要是需要方案供應商的技術支持。所有的方案供應商，都把戰場轉移到上海或北京，臺北已經從技術支援中心的地圖消失。所有未來技術或產品的試驗點幾乎都在上海浦東，這裡是高通、那裡是TI、Intel，附近是聯發科，都在同一個街區。

常常在浦東或虹橋機場碰到臺北的熟人，彼此心照不宣，稍微交換了一下南北的情報，就匆匆互道珍重。熟的可能還交換個名片，沒那麼熟的就假裝還在前一個公司，以免一方或兩方同時尷尬。

機會很多，資源永遠不足。我讓臺北團隊扮演技術開發平臺，上海團隊跟杭州團隊負責與客戶對接的終端產品客製化。架構很清楚，執行不容易。因為沒有足夠的 PM 串聯計畫執行的過程，各研發基地的功能型主管，如果沒有妥善的資源管理能力，計畫很容易陷入僵局。功能型主管可以透過時間，累積經驗逐漸養成，從一個工程師變成一個技術型主管，需要的只是自己的努力與時光的磨練。

PM 是不是也有養成的方法呢？如何成為一個優秀的 PM，對於計畫的執行而言，每天的狀況都有變化，所以變化的可控制性和可觀察性非常重要。

何謂可控制性？何謂可觀察性？如果用一場森林大火來當一個場景，PM 要很清楚目前有幾個必須立即處理的火點，可能的火苗在哪裡，如何建立防火牆，當資源有限時處理的優先次序為何？不只是他或她清楚，團隊的成員也都清楚，目標方向完全一致。

像極了歌曲〈Hotel California〉裡的一句經典歌詞：

You can check out anytime you like.

But you can never leave.

將帥無能，累死三軍，以前還能指指點點，這次只能埋怨自己。由於戰線太長，火苗四處亂竄，慢慢的我發現自己成了救火隊隊長。

一年後，臺北團隊走了一些；兩年後，又走了一些。原因很複雜，結局很簡單，我一直撐到最後一天關燈。安排了一組人馬去了下一個公司做先期規劃，老兵不死，江山如畫，待我處理完所有手上工作，做一個了結，就一起繼續打拼。

當我筋疲力竭的從水裡游上岸，收拾好一身水漬，準備登上下一班船。進了來過幾次的汐止辦公室，幾個主要幹部找我一起開會，氣氛詭譎，眼神都迴避著我。原來我不在的這段時間，他們已經達成共識，有了新的想法，可以自己運作，謝謝長官栽培，還建議我跟未來的老闆談談，也許重慶更適合我云云。整個過程只有五分鐘。我不覺得特別難過，事出必有因，江湖路險，彼此都有難言之隱。人性如此這般脆弱，毋需考驗，也毋需追問究竟，以免難堪。

這盤棋看似滿盤皆輸，剎那間我明白昔日烏江前，那個力拔山兮氣蓋世的男子如何糾結。我不是，我只是個滿頭白髮的油膩男子。油膩男子還有一項特色是油滑，如何走完殘局已了然於胸。

拿起手機撥了一個早該撥的電話，傳來的是老朋友溫暖的聲音。「我決定了，下個月報到，謝謝你給我的機會。」看看外面，臺北汐止的雨，依然跟來時一樣淅淅瀝瀝的下著。

沒有撐傘，走入雨中，心多少有點麻麻的。雨早晚會停的。後無追兵，一人一葦飄然過江，飛龍化為潛龍只是換了一張名片，我必須還是我，只是多了幾道傷疤。

有的事能進入你的記憶，有些人能進入你的靈魂。有的人與事混在一起猶如深水炸彈，讓你一杯倒地不起，永遠不會忘記那種滋味。咖啡是苦的，只要知道怎麼調整，它可以讓你的人生更有滋味。有人喜歡喝黑咖啡，不加糖也不加奶。我觀察的有限樣本裡，這些人都對自己比較狠。也許苦也有很多不同的層次可以學習跟體會吧。我怎麼也裝不了狠，還是繼續喝拿鐵吧。

不再旅行之後，發現自己移動的路線非常固定，半夜醒來在同一張床上，唯一提醒我曾經旅行的是，微信裡幾百個記得與不記得的名字，和已經沒有人發言，卻捨不得刪除的群組。

給曾經一起奮鬥過的弟兄姊妹們。無論你在哪裡，心所想即是未來。

老鳥真心話

進到一個封閉的空間，要先看安全門在哪裡。

先說封閉的空間的定義是，你覺得空氣不好，同時確定窗外沒有霧霾。如果外面也是霧霾滿天，一動不如一靜。別瞎整。

這世上還是人比鬼多。每個人都有貪嗔癡的根本問題。想清楚了才不會讓自己變成憤世嫉俗的可憐人。老闆沒欠你（也許有時候會……），不要太玻璃心。

永遠要留下翻盤的本錢。帳號密碼只有你知道。

沒有人很天真的以為戲沒有散場的時候，尤其是你如果是觀眾的時候。但是當你是主角，或者只是配角的時候，你會不自覺的以為，這是一個幾百集的連續劇。然而事實不是如此。

所以在此提供幾點觀察：

一、老闆（其實也就是製片，有時還兼導演）沒有專心在本業，或老是在尬頭寸。

二、總經理（通常是導演）老是動不動喊卡。

三、業務負責人（所謂編劇）每天忙著寫新劇本，或者對白前後矛盾。

四、研發團隊（男女主角，配角等）互相看不順眼，搶戲或忘詞頻頻發生。

這都是你要考慮自己退場機制的時候。

但是退場有幾點遊戲規則：

一、不要留下爛攤子讓別人收拾，江湖很小。

二、不要出去後批評前公司，凸顯自己智商與判斷力有問題。

三、不要以個人生涯規劃為理由離開，太老套了。你如果能謅出「生活除了眼前的苟且，還有詩和遠方」，代表你也許有個人的堅持與追求，則勉強可以同意。

—選擇簡單—

終點其實是一茶一飯一身肥肉，
於是一生飄泊。
還有一頭白髮。
肥肉難去，白髮還是可以對付的。
剪去亂髮還我真實面目，
略去風流，瀟灑依舊。
走過江湖，最終選擇簡單。

——李清照〈如夢令〉——

常記溪亭日暮，沉醉不知歸路。
興盡晚回舟，誤入藕花深處。
爭渡，爭渡，驚起一灘鷗鷺。

第六章

亢龍有悔

職場人生就是發現一些別人看不見的風景，以及不要踏入前人反覆驗證的陷阱而已。一路走來，也看了不少風景，自己也不覺成為某些人眼中的風景，希望一切不要過於不堪。經歷了不少陷阱，有的能順利逃脫，有的還是會重蹈覆轍。

戲夢人生，上臺時要認真，下臺時要自在，別苛求別人，要善待自己。人無所謂失去，擁有只是一種暫態，一種假象。在工程中，它稱為初始條件，最終它會慢慢消散，貪嗔癡帶來的情感波動也是。

人生其實簡單，找到控制迴路而已，小時候就學過，吾日三省吾身。亢龍有悔，只有不斷的歷練自己，最終讓自己的心量無限大，最後透過輸出回授，才能達到穩定的和諧人生。

二〇一六年春天

手機市場已經是三分天下的局面。中國自有品牌廠商崛起，臺灣廠商失去市場競爭力，HTC 推出 Vive 打響 VR 第一槍，試圖翻身。

AlphaGo 挑戰世界圍棋冠軍李世石，四比一獲勝，人工智慧一時成為顯學。

守則 一桿進洞，是要讓我們學會回到原點。

一桿進洞，似乎是所有打高爾夫球的人最難忘的經驗，也同時是夢魘的開始。生命猶如一個套著一個的圓，一切的機巧算計，一切的運籌帷幄，從結果來看似乎必然會回到原點。人生裡福至心靈的一桿進洞，掌聲如雷只是片刻。重新站回剛才的擊球點，有多大的機率會再度一桿進洞？理智告訴我們機率幾乎是零。

喧譁過後，我們要學習遺忘這門功課，千萬不要繼續沉湎其中，讓過往的榮耀成為你的陷阱。曾經已經習慣在千百人前坦然自若閃耀如巨星，放棄鎂光燈下的生涯之後，學習著在後臺準備道具，拉佈景，期待新人上場精彩演出。安心的在臺下，看著臺上花枝招展、洗淨鉛華、劍氣盡藏也是一種功夫。把過去留給Google或者百度搜索即可。

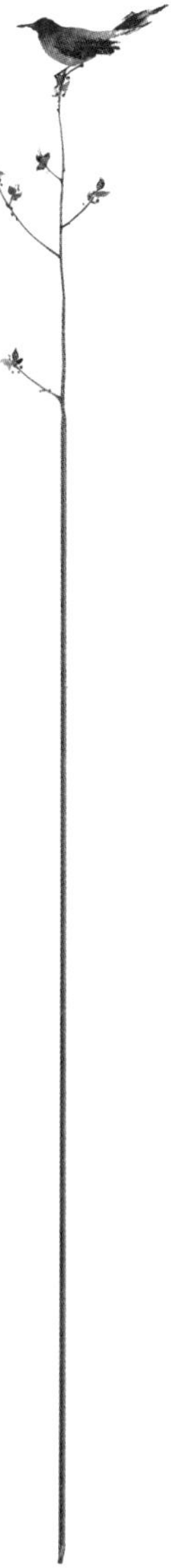

生命的存摺

今晚看了一下那一本存摺。

這本心中的存摺比較特別，跟世間的存摺記帳的方式不同，世間的支出在這本存摺裡會變成收入，甚至還不定期的會有一筆利息。這一本存摺已經泛黃了，有些久遠前的進帳與提款原因已經記不起來，但是記錄是這麼清楚，記不起來也一樣。老天爺記住就好。

仔細想想，自己成長在一個父母很辛苦，孩子們很知足的時代。那時的父母過年發壓歲錢只是個形式，過了初五紅包就要收回去繳學費，孩子們也不敢抱怨，每個孩子都差不多。過了初五，在神明桌上的橘子就可以拿下來吃了，我一直以為是一個習俗，長大了明白只是家裡窮一些，竟有了這樣的理解。沒有不滿足，還是有一個快樂的童年。

那年是一九六五年。幼稚園畢業，什麼都不會，只會在發餅乾牛奶時醒來，想來我從小就有能睡愛睡的天分。我有極愛我的父母，有極疼我的姊姊，還有只會流鼻涕愛哭的三個妹妹，那就是一個臺灣桃園鄉下的小男孩。

小學二年級的時候，我拿著五毛錢站在福利社外面，最後糖沒買成，把五毛錢給了一個一年級的小朋友。他也站在門外，羨慕的看著裡面，他有一個不很正常的媽媽，很窮的家庭。小朋友都躲著他。

在這一年冬天，我還做了一件當時看起來很平凡的事。跟著鄰居的哥哥從村子走了三公里路，到小鎮上的唯一的書店，狠狠的花了十塊錢買了第一本課外讀物，這本書我翻了很多次都沒能買，國語日報社出版的成語故事《井底之蛙》。

所以我很小就知道了很多成語的典故，知道了中國文化的種種，也讓我明白自己該成為什麼樣的人。十塊錢是什麼概念?那時候一碗豆漿五毛、包子八毛錢。十塊錢應該是我當時的壓歲錢,真聰明,真值得的投資。

父親在我高中時,常常用濃重的鄉音說我根不能挑,樹不能提。很多年以後,我才瞭解他說的是肩不能挑,手不能提。然而我竟然能在江湖行走至今。我知道不是運氣,是因為有這本無始以來生命的存摺。

你的心裡也應該有一本存摺,偶爾翻一下,挺好。

＊＊＊

那時沒有做不完的工作、開不完的會、沒有手機、沒有網路,看著藍藍的天,就覺得很幸福。最關心的事,只是牆角那棵媽媽說的枇杷樹,會不會開花結果子。

父親一輩子躲在公家機關裡,當一個朝九晚五,晚上喝酒的公務員。無論在那個時代,忠於自己的知識分子處境都很艱難。冬天始終不曾遠離,只能以龜息大法維持最低能量的生存,繼續冬眠。

他是內斂的，以公教人員的微薄薪資要養育五個子女備極辛勞，媽媽堅強的在我小學五年級時，決定要賣早點維持家計。爸爸基於一種知識分子的靦腆，始終不贊成。可是由於捨不得媽媽一個人操勞，在還沒有電動磨豆漿機的年代，清晨三四點幫著媽媽磨豆漿。他們胼手胝足的努力背影，對我們五個子女有一生不可磨滅的影響。

記憶中那是一個充滿變化幻想的年代，公車還有前後門和車掌小姐，舊書攤還偶爾有幾張暴露的照片總被撕下來，剛考上高中的我，從桃園鄉下來到了臺北，想要寄宿在親戚家裡。

舅舅住在板橋宏國社區，從小對我就很好，第一次吃蘋果和葡萄乾都是舅舅給的。天真的媽媽就理所當然的認為，舅舅可以讓我住他家裡，但是當我看到舅媽嚴厲的眼神，就知道不可能。

和父親在黃昏中轉往第二個可能的棲身之處，東園街阿姨的家。等待的是臺北人一樣的客氣和清楚的暗示。

那時候沒有這麼方便的聯絡方法，父親卻還是胸有成竹，帶我到廈門街一個同鄉的家，想來是他心中最後的備案。裡面住著好幾位來自家鄉的高中生，父親帶我到南昌街買了書桌和椅子，還記得父子兩人抬著桌椅走過好幾條街，我就這樣住進了這棟同鄉租來的日式建築，廈門街 123 巷。

多年後回到當地，已經沒有這棟建築，只有我的記憶，可以為當時最後收留我的棲身之地做見證。

進學校之後的第一件大事是國慶，開學不久馬上就開始國慶字幕排練，記得我們班上是綠色的斗笠，每人一頂，帶著綠帽從南海路走到重慶南路，據說排的是總統萬歲的歲字，那應該是最後一次排這四個字，第二年這位老先生就過世了。前一個晚上接近午夜一陣不尋常的春雷，第二天《中央日報》很晚才來，電視也變成黑白的，從此臺灣走入一個新的時代。

很多同學排隊瞻仰遺容，還可以請公假，當時去不去自己就可以選擇，多年後我回想這件事，就覺得這所以自由校風聞名的學校，還是在最大的可能範圍內，給了作為學生的我們一點選擇。但是不去是有報應的，而且來得很快。移靈時規定大家要去中華路目送，我因為交通管制，眼睜睜的看著馬路另一邊的同學，卻過不去，繞了半天到達時已經點名完畢，為此被記下一個小過。我其實不以為意，只是暗暗心中埋下一個非主流的種子。

＊＊＊

三年之後，大學聯考的第一天，國文、英文、化學都是拿手科目，寫得非常順手，幾乎肯定自己勝券在握。第二天考數學，算是保底科目，不失常就可以。爸爸說數學考試還是戴著錶吧，把他戴了多年的老錶給我。我想想也好，也許用得著。那天天氣很熱，題目很難，我不急，一題一題寫。

慢慢的發現不大對，單選還沒寫完，時間過一半了，還是開始寫複選吧。剛開始寫，鈴響了，怎麼了？看看錶，秒針靜止完全沒動。出場時記得我把錶丟到爸爸手上，他遞冰毛巾過來，我想都沒想，狠狠的把他的手推開。爸爸訕訕然的轉過頭去。

收到聯考成績單那天，是七月二十六日，我記得清清楚楚。老爸什麼都沒說，要我在祖宗牌位前跪著，我一邊跪著一邊想起高中課本裡的〈范進中舉〉，古有范進，今有夏研。重考還不行嗎？范進都考了八次。

媽媽也很難過，但是她沒說我，只是說要我聽爸爸的，就好好跪著。

開學了，爸爸撂下一句話：「想重考，自己想辦法。」

他送我到南部的學校，跟我揮揮手，一個人回去了。我不敢看他的背影，這次是真的傷了他的心。

在我們這種公教人員子弟的家庭，父母從小就會告訴你或妳要好好讀書，長大成為國家社會的棟樑，完全是讀書人「士不可不弘毅，任重而道遠」那一套。我幼承庭訓，秉持父母意志，十二年寒窗苦讀，一舉揚名以顯父母，等同於一種心照不宣的心靈契約。

高一升高二要分組時，我打算讀社會組，師大國文系是我的理想目標。爸爸難得的用極其溫和的口氣跟我說：「兒子啊！你不為自己想想嗎？打算跟爸爸一樣窮一輩子嗎？」

從小學、初中到高中，一直承載著父母的期望與虛榮。這次終於砸鍋，正確的說是砸鍋的開始。在那個離海邊三公里的小鎮，我和一個小學同學，從小學比到初中，從初中比到高中，這次我輸了，心中感到非常坦然，終於可以結束了。我努力過了，我失敗了，我可以做自己了。

在南部讀大學時父親常常寫信給我，我也拖拖拉拉的回信。放假回家時媽媽跟我說，爸爸每次收到我的信都會讀好幾遍，當時我沒說話，也沒有增加寫信回家的次數。那些信也不知道哪裡去了？也許像我和父親間的感情，藏在沒有人知道的地方慢慢變黃吧。

＊＊＊

大學畢業那一年我選擇了一個非常穩定單純的工作，住進了研究院的「石園」

宿舍。色調是鐵灰色的，建築是、桌椅是、床鋪是、天空也是。只有心情不是。

同組的年輕人分散在不同宿舍，收拾好之後很自然而然的聚到一起找吃的。餐廳極便宜，很整潔，大家去了幾次覺得挺無趣，開始往周邊覓食。

有人有女朋友，會守候著電話鈴聲。我寧可寫信、等信。有人準備著出國，猛K英文，無緣出國的另一群人，連打橋牌的搭檔都不容易找，於是有人開始跑步，好像可以跑到自己很開心，那不是我。

一車車的我們有時被一樣鐵灰色的巴士載到左營，住在三角公園旁邊的「三〇二」。一群年輕人晚上會到夜市，擠在人群中看賣藥，等著看俗艷的歌舞女郎上場。有時候會開得更遠，從楓港進入南迴，抵達另一端的旭海看無光害的星空，演習只是過場。

未知等在前方，我們在生命的那段歲月享受著寬容與快樂。

在我要離開研究院進入紅塵滾滾的職場時，老婆曾經很慎重的問我準備好了嗎？她問了我一個當時想了很久的問題：在職場上做人重要呢？還是做事重要？

我至今還不知道答案。可是答案對我已經不那麼重要。

＊＊＊

時間過去了二十多年，民生東路上那棟特別的建築還在，只是變成了金控集團的總部。當時在二樓打拼的兄弟姊妹們，曾經的風風雨雨，有連絡的一隻手就數完了。樓下原來的 See's Candies 早已經撤店，讓我想起當年老婆收到我送她的巧克力時，眼睛的亮光。當時真的很窮，在分租的頂樓裡，家徒四壁於我們不是一個形容詞，而是接近於事實。可是總算能在一起了，而且屬於我們的女兒即將來臨。

剛結婚時住在濱江市場，老婆心疼我，在當時很拮据的情況下，買了一輛白色的單車讓我上下班。不到一個星期就失竊了，加完班的深夜我站在巷口，望著原來鎖著單車的柱子，柱子無言的站在水銀色的燈光下，裝得很無辜的樣子。慢慢相信命運特別喜歡跟窮工程師做對。回家老婆一句話也沒說，那時候臺北沒有

Ubike，只好認命繼續走路上班。

沒日沒夜的打拼，老婆生產時，我匆匆送她到臺安醫院，唯一的八千塊臺幣差點掉在計程車上，幸好老婆回頭時看見。看看陣痛期還長，不放心公司的工作又回來戰鬥。突然想起女兒不知道是不是生了，趕回醫院，老天保佑母子均安，帶著一生的歉疚。她想起時還是會說幾句，我無言以對。

當時的努力有什麼意義嗎？如果時光倒流，我還是我嗎？我不知道。但我寧願不是，如果當時的我可以跟現在的我相遇。

幸福始終與別人無關，與自己的欲望有關。隨遇而安便能輕安自在，只是當時並不明白。

據說蟬的幼蟲要在土中蟄伏十幾年的時間，一旦化為成蟲，離生命的終點也就是幾個月的時間。難怪牠要用盡力氣嘶吼，第一次出場演出也是落幕的演出。人又何嘗不是如此？我們如此感嘆著。

佛卻不這麼看的，祂說生命是無限的。於是我們可以默默的累積，一點點沉濺，這一本生命的存摺會伴隨著我們直至成佛。

這是生命的真象嗎？還是智者對凡夫如我的一種撫慰，以讓我們舒緩自在？答案也許是一個答不完的申論題，於是我們只能留下思考的痕跡，以待自己的來生。

老鳥真心話

時間是最好的止痛貼布。

誰的人生不是錯落，錯落是必然。否則遺憾二字如何安放？後悔又如何在你我心中徘徊？盼望又如何找個地方躲藏？

人生錯落，因而有詩三百，因而有歌無數，紀錄起種種不捨的糊塗與惘然。一旦發現有時候真的走不過去時，不妨停下來喘口氣、喝點水。並不是所有的問題當下都要解決，時間會幫你解決一部分，而且有些部分只有時間才能解決。不能解決的部分有時候也不必解決。

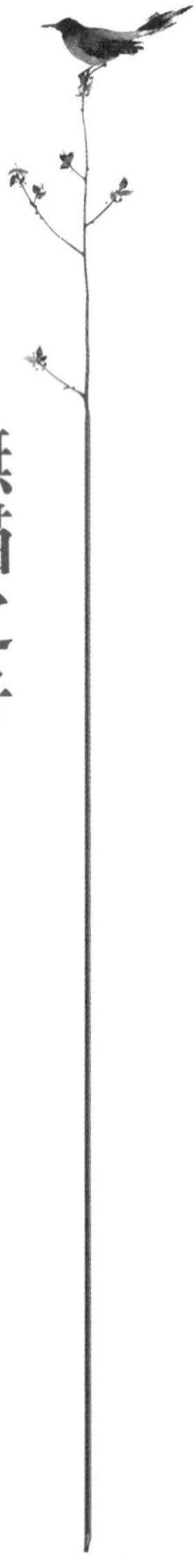

無錨之舟

那幾年父親身體每況愈下，已經沒辦法言語。有一次回到桃園老家，他看到了我回來，嚎啕大哭，讓我十分驚惶，有種預感，那是他用盡全力在用哭聲跟我告別。

父親中風後，行動比較不便但是尚能言語，有一次陪他上洗手間，他突然跟我說他這輩子沒好好對待我。我不敢抬頭，一時恍神，懷疑自己是不是聽錯了。我懂，父子之間其實也是不用說抱歉的。男人要五十歲才能懂父親吧，我當時想。

跟父親從小就有距離，那個年代的父親不懂得怎麼疼愛孩子。父親從來不會讚美我，血液裡流動著他給我的基因，另一半的基因卻驅使著我離他遠一些。

他的書法寫得很好，溫潤之中暗藏著一點顏真卿的風格。最常寫的是王勃〈滕王閣序〉中的兩句：落霞與孤鶩齊飛，秋水共長天一色。一種讀書人的灑脫自在。

工作後我完全以自己為中心，父親對我而言猶如在另一個星系。這時開始可以回大陸探親，一群老先生老太太忙的不亦樂乎。

我因為服務單位的關係，都不能陪父親返鄉，直到他第一次中風。第一次回廣東梅縣老家，看到他出錢蓋的房子，還有一塊牌匾上面是父親那熟悉的書法。我才開始知道他其實有一個我從未觸及，或者說故意看不見的世界。

父親跟著一村子的年輕人，當時都還是十六七八歲，因為各種原因，可以說的、不能說的原因到了臺灣。出門時家人都不太清楚，祖母為此眼淚不知道流了多少，慢慢眼睛就壞了。

他可能也以為到臺灣就是短期背包客，不想一待就是四十年才能回家。總覺得父親的心是在遠方某處遊蕩，直到我回到那一個山巒起伏的粵東窮鄉僻壤，終於明白我真的不瞭解他。他的形象在家鄉跟在家裡實在差距太大了，在家鄉他談笑風生、妙語如珠；在家裡他總是緊繃著臉，像一座沉默的火山。原來一道黑水溝，可以改變一個人的一切，瞭解來的太遲。

曾經嘗試離開父親，當研究院通知我有一個進修的機會，我選擇了去英國留學，其實是一種心靈的放逐與逃脫的預備動作，心想也許這是一個冠冕堂皇遠離的機會。最終還是向現實屈服回到臺灣，繼續承擔一個兒子的責任，但是我已經知道飛翔的感覺。

對我而言與父親相處始終是最糟糕的一個球洞，反覆練習總是把球打進沙坑，在那段時間我終於可以靜下心來，研究這個被沙坑包圍的果嶺。

爸爸走了的感覺如同一個燦爛的秋天，滿山秋色落盡風華。「死」用一種直接的方式告訴了我何謂「生」。依依東望，你我一生。

告別式結束之後，繼續在人海裡遊走，突然驚覺從此之後就是一個無父之人。也許是在那一刻，我因此暗暗下了決心，要展開人生中最大的冒險，再也沒有拒絕飛翔的藉口。選擇到海峽的另一邊工作，於我其實是一種自我救贖與生命樂章完成的過程。

＊＊＊

數年飄泊，秋天再度回到臺北的我，卸下一身崢嶸與風霜，搭公車、擠捷運，臺北似乎恢復了忙碌和元氣。年輕人追逐小確幸，小攤的麵線意外的好吃。刻意的放慢了腳步，明白人生許多錯過就不可能重來，享受當下的感受更勝日後回憶。現在開始學習著放慢了速度。不同的速度，讓我看到了不同的世界；不同的速度，讓我聽到了自己不同的心跳。慢慢的我找回了自己，嘗試做自己想做的事。

漸漸熟悉了臺北的味道，臺北也無可無不可的收留了我。彼此既有點無奈，也有點同病相憐的情愫。既然都無處可去，也無路可逃，不妨一時將就。

這些年來幹了點自以為不錯的事，在有的人眼裡就如捷運出口處，有些發傳單的人遞給你的廣告紙，拿不拿都很尷尬，看不看也很隨意，人生也就是這碼子事，你不在乎的也沒人在乎，你在乎的可能還是沒人在乎。

想想人也就是做做無聊的事，不做無聊的事，何以度此有涯之生。但凡世間有趣的事，做上一千遍也會無聊。突然想起一個卓別林的笑話，說的第一次博得滿堂彩，卓老兄又把同樣的笑話重說一次，這回笑的人少了一半，第三回再說一次，笑的人一個也沒了。

卓老哥意味深長的說，笑話如此，煩惱也是這一回事。

高啊！

一個人窮其一生能完成的事其實有限，但是想像力不是。發現自己花在做事的時間，和思考的時間其實不成比例，如果我是一隻螞蟻，或是一隻蜜蜂也就算了，偏偏就是一個活生生的人。年輕時很喜歡數學，尤其是理論數學，覺得那些公式冷冰冰的，十分合自己的脾胃。其實更好奇的是這些數學家是如何思考的？文學亦然，哲學亦然。

過了數十寒暑，所有學的數學幾乎都忘光了，工作上也就是加減，乘除都很少用到，那麼學的那些數學到底有什麼用呢？也許只是在提醒自己，思考是一種習慣，沒有了思考的習慣，我也許還不如路邊的一株小草，自在的隨風搖擺而怡然自得。

思考會帶給你煩惱，有了煩惱因而知道自己的不足，於是繼續在工作中修行。搭車的時候是身心最自由的時候，開始是一些淡淡的感覺，慢慢會有一兩短句冒上心頭。不成詩、不成詞，有它樸實粗糙的美感。然後像注釋般的為這種感覺寫幾段文字。

出家人接受供養，有什麼吃什麼，還必須得吃得乾乾淨淨，只活在當下，看似沒有計畫的浮萍人生是否更接近生命的本質呢？

老鳥真心話

學習著拆掉心中的圍籬。

在我們的心中有一道圍籬，這道圍籬保護了我們，也限制了我們。逐漸明白，每一個人心中也都有一道圍籬，我並沒有權力或能力隨意進入別人的圍籬，即使是以愛之名，以正義之名，以任何光明正大的理由。學習著拆掉心中的圍籬，讓自己更看得清楚圍籬外的真實世界，也要世界更看得到我。

年輕的時候看武俠小說，眾人都說金庸好，我卻喜歡古龍。也許我本身真正感興趣的不是故事情節，而是人的情緒起伏傳達的密碼。

年少追求精彩，精彩豈是追求可得？

棋局將殘

杭州真是多情的姑娘，用雨接我來，又用雨送我走，讓我想起曾經。這幾天在杭州西溪濕地活動，一直都是風和日麗的陽光天。沒想到走時雨又下了。兩年前到西溪濕地來，那時已經決定要離開奮鬥了兩年的公司，準備回臺北工作。一個人到此地出差，進行一次可有可無的任務，心情雖然輕鬆卻也有些許惆悵。兩年時間，一事無成。

當時還一個人到附近散步，想想這應該是這輩子第一次，也是最後一次來這裡散步。夜色漸深，略有寒意，我膽子較小，站在一個小水池邊，萬物皆寂，寂寞掩殺而至，想效學古人吟詩自況，終因才情不具而不可得。只留下當時一點感傷今天憶起。

下一站，上海虹橋。戴上耳機，繼續一個人的旅行。

單曲循環的是「賽門與葛芬科」(Simon & Garfunkel) 的〈The Boxer〉。

When I left my home and my family
I was no more than a boy
In the company of strangers
In the quiet of the railway station
Running scared
Laying low, seeking out the poorer quarters
Where the ragged people go
Looking for the places
Only they would know...

突然明白自己其實從來沒有用力出拳，只是依靠靈活的步法閃躲了一輩子。以前不知道，不覺得；後來知道了，還是不覺得；現在知道了，覺得也無所謂。

草民如我，生存只是為了給大地一點寄託。這點寄託被哲學家們放大到「修身，齊家，治國，平天下」之類。生活除了眼前的苟且，還有遠方，那是詩人的玩意兒，草民嚮往則已，可別當真了。

人不風流枉少年，人不自知非中年。你贏我輸不是人生的真象，我贏你輸也不是事實。贏家輸家都是一種暫態，人不自覺而已。

人生需要負能量才能看到，活出一點真實。蝸牛沒有了殼應該是無處躲藏，然後自己以為是世界末日了，我們以為牠無知，其實你我也是如此。

一隻無殼蝸牛還是可以很幸福。或者是必須找到自己的所謂幸福。

老鳥真心話

葉落無聲，觀棋無語。

前日到一個有趣的咖啡館，喝完了館主倒了杯水給我。「一杯咖啡與一杯水有何不同？」問的人應該不是無心之問，答的人因此有些遲疑。

咖啡別具風格，需要苦得恰到好處。水自然是一杯平常的水，與過去的水並無二致。咖啡得來不易，喝的人自然細細品味，還試圖用有限的文字做出不甚貼切的敘述。水則是水，似乎描述純屬多餘。然則水只是水嗎？咖啡無須贅言自顯其香，水雖無言，卻默默的走行一身血脈，帶著無解的自在。

下棋一旦成局也許就可以收了，殘局只是浪費時間。但是職場上的對弈沒法這樣子，人生的妙趣常常就是在殘局中死撐，無常在此呈現溫柔可愛之處。無常既可以折磨我們，我們也或許可以因無常脫身。

失去記憶之前

如果真的即將失去記憶，你最害怕的是失去什麼？
是失去所有認識的面孔，於是你無親無怨，無愛無仇？
是失去曾經滄桑的記憶，於是你無悔無恨，無執無守？
在所有記憶清空之後，是否回到第一行程式？重寫一次。
是否記得的是初戀的暈眩，還是寫下的第一首詩後的淡然。
沒有人可以解讀，可以欣賞難以評論。
讓我記得我自己。
靠著這些轉彎處留下的模糊印記。
猶如程式裡簡單的註解。

—蘇軾〈臨江仙〉—

夜飲東坡醒復醉，歸來彷彿三更。
家童鼻息已雷鳴。敲門都不應，倚杖聽江聲。
長恨此身非我有，何時忘卻營營？
夜闌風靜縠紋平。小舟從此逝，江海寄餘生。

第七章

龍戰於野

歷史不斷的告訴我們，鷸蚌相爭，漁翁得利；螳螂捕蟬，黃雀在後。職場裡的刀光劍影，如你我這等路客如何自保，皮肉之傷難免，但如何能保住晚節，全身而退？

明代是一個奇絕的年代，君主有趣、臣子有趣、太監有趣，販夫走卒也都很有趣。由於歷史的巧妙安排，明代有兩個首都，北京與南京，乍看頗合乾坤之象，卻也說明了人性的弱點與無奈。四大奇書，是出在這個年代；七下南洋，也是在這個年代。不依照出場先後次序，本章要討論幾位人物以為借鏡。整個大明王朝就是一個龍戰於野的世代，黨爭不斷、互相傾軋，以致生靈塗炭、其血玄黃。

二〇一八年秋天

中美貿易摩擦，中興與華為遭到美國以不同的理由，相同的目的制裁。臺灣廠商因為中國生產成本與環保意識高漲，逐漸撤離中國，往東南亞發展。

守則—最後的出手，溫柔的推桿。

果嶺上最後一桿通常是推桿，成功就在眼前，這時候所有旁觀者的眼睛都盯著你。有人準備為你鼓掌，有人準備看你笑話，你仔細看好草地的紋路，選擇最佳的擊球角度。溫柔的推出最後一桿。然後把時間凍結。

出手時比賽就已經結束，比賽的最後結果已經不重要。人生若只如初見，成敗留予後人說。

乾坤之爭

明太祖朱元璋，是個平民皇帝，雖然深知民間疾苦，他在位期間，廢除宰相制度，權力一把抓，百分之一百的強人政治。誅殺功臣，分封諸子為藩王，累死自己，也誤盡蒼生。費盡心機安排了接班人，但是歷史以人性之名給了他一個最大的諷刺。

明成祖朱棣，以靖難清君側為由，跟自己的姪子明惠帝展開王位之爭，歷時三年，南京城破，惠帝不知去向，至今仍為懸案。方孝孺為明初大儒，拒絕為明成祖立詔，遭凌遲誅十族，株連數百人。

鄭和，原名馬和，小名三寶，回族。三寶哥哥其實有一個不幸的童年，悲慘的遭遇，生在一個兵荒馬亂的時代。十歲受了宮刑，一生只有一個老闆，明成祖朱棣。

在十四世紀，七下南洋，歷時二十八年，訪問了三十多個西太平洋與印度洋的國家。「一帶一路」，他肯定是原創，即使沒有在金氏世界記錄上。明成祖幹了什麼事大家都知道，是一個夜路走多了，良心不安，多疑善變，超級難搞的老闆，但是鄭和完全可以搞定他。然而這只是特例。

除了三寶太監，明朝還有另外三寶，廷杖、言官、錦衣衛。都是針對那些透過一層層考試折磨，從秀才到舉人再遠赴京師，一次、兩次、三次、四次、五次……耗盡青春才熬上來的讀書人，所精心設計的完美枷鎖與刑具。皇權為鞏固自身利益扶植閹黨，運用三寶與以天下為己任的知識分子鬥爭不止，有明一朝，朝野始終對立，天地不合，龍戰於野，兩敗俱傷。

老鳥真心話

挫折是生命最好的養分。

玫瑰只能長在細心呵護的土壤裡，像含著金湯匙出生的豪門子弟，你我不是。像青苔一樣，我們在老天幫我們安排的方寸之地奮力求生，什麼時候有雨水不知道，什麼時候有陽光也不知道，努力的過每一刻。

生而為人，很難真的任性，雖然任性是自我成就必要的元素，可是現實不會讓我們擁有這麼多顏色。畫家必須要用最原始的素材，調配出自己想要的顏色，職場的專業經理人也類似。不要一直抱怨沒有這個、沒有那個，如果只有一支鉛筆，也要畫出層次分明的人生。

生命的意義就在呼吸之間，一瞬即是永恆。一瞬就是以一支鉛筆畫下屬於自己的精彩。

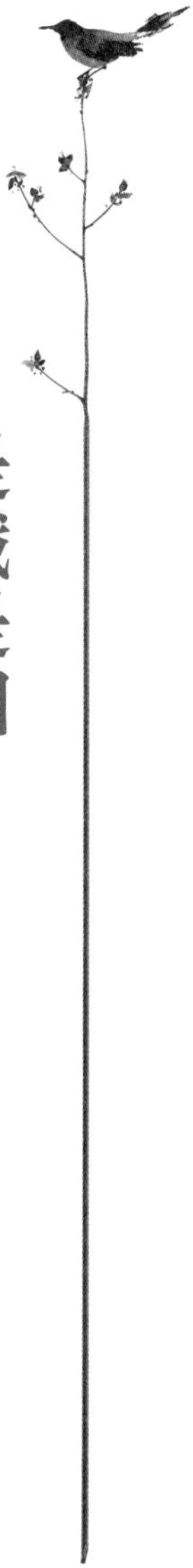

是戰是和

土木堡之役是發生在明英宗正統十四年，蒙古也先率軍進犯，宦官王振力主英宗親征，數日內匆促召集五十萬大軍與蒙古軍戰於土木堡，英宗兵敗被俘，明軍主力幾乎全軍覆沒。于謙以兵部左侍郎身分主張防衛北京，反對南遷，擁英宗弟朱祁鈺即位為景帝，年號「景泰」，遙尊英宗為太上皇。

也先挾持英宗直窺京師，于謙整肅殘兵敗將，並急召各地援軍勤王，終於力挽狂瀾，守住北京，贏得京城保衛戰的勝利。也先改變策略提出和談的可能性，並且以釋放明英宗為條件，意圖很明顯，給銀子就放人。于謙以戰逼和，最後英

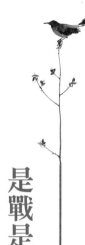

宗在巧妙周旋下獲釋回京。

問題來了，景帝朱祁鈺已經登基，英宗被迫安排住在南宮，實則遭受嚴密監視，權力的滋味終使兄弟反目。英宗名為太上皇卻飽受折磨，在往後這幾年極其低調，只能用苟延殘喘形容。

景泰八年正月，石亨、曹吉祥、徐有貞等，趁景帝病重，聯合發兵擁立英宗復位，史稱「奪門之變」。英宗改元為「天順」，以謀逆罪，殺于謙於集市。主謀徐有貞與于謙有什麼過節？只是那一年于謙主張固守京師，徐有貞主張南遷。

那段土木堡被俘的傷心往事，史書上稱為「北狩」。

——于謙〈石灰吟〉——

千錘萬擊出深山，

烈火焚燒若等閒。

粉身碎骨全不怕，
要留清白在人間。

老鳥真心話

天地不仁，以萬物為芻狗；聖人不仁，以百姓為芻狗。

明朝的歷史中我覺得這一段最為諷刺，在職場中我們如果遇到像于謙一樣的處境，除了徒呼奈何之外又能如何？歷史的發言權始終是掌握在勝利者或陰謀者的手上。

人生有時候就會有無解的局面，個人的建議是直接做下一題。老天都沒有答案的問題，你我只能一笑置之。歷史最後還了于謙一個公道，然而一抔青塚無言，我們也許不會有這個機會。

是去是留

在君臣競賽中，解題解得最好的是王守仁，號陽明。

二十八歲的王守仁參加禮部會試，殿試賜二甲第七名進士，總算對父親有了交代。順便一提，他的父親王華是成化十七年，進士一甲第一名，俗稱狀元。明武宗正德元年冬，宦官劉瑾擅政，並逮捕南京給事中御史戴銑等二十餘人。王守仁上疏論救，觸怒劉瑾，廷杖四十，謫貶至貴州當龍場驛驛丞。劉瑾並不想放過他，一定要致之死地而後快，守仁兄完全符合人性的選擇，他跑，中間還假裝跳湖，逃過追殺。古時候資訊還不發達，他充分的利用了這一點，一路跑到了貴州龍場驛當起養馬的專業經理人。

在最困頓的時候，最差的物質條件下，他突破了宋儒「格物致知」的窠臼，「聖人之道，吾性自足，向之求理於事物者誤也」，史稱龍場悟道。「知行合一」，這個極簡極美的哲理橫空出世，跟牛頓蘋果樹下參悟的 F=ma 絕對可以相提並論。

創立心學，眾多弟子對於他的「心外無理，心外無物」理論大惑不解，向他請教說：「南山裡的花樹自開自落，與我心有何關係？」，他回答說：「爾未看此花時，此花與爾心同歸於寂。爾來看此花時，則此花顏色，一時明白起來。便知此花，不在爾的心外。」

相較於北宋蘇東坡一路被貶，一路留下美好心靈詩篇傳頌千古。王陽明選擇了另一種瀟灑的處理方式，用現代的年輕人用語就是「懶得理你」。你當你的皇帝，要我奉承你，拍你馬屁，免談。臨終之際，他身邊學生問他有何遺言，他說：「此心光明，亦復何言！」

＊＊＊

嘉靖皇帝，明世宗朱厚熜在位四十五年，跟大臣們也鬥了這些年。在這個鬥爭過程中，凡是讀聖賢書的臣子幾乎都挨了廷杖。

嘉靖元年，朱厚熜才十五歲，爆發嘉靖皇帝父母名分的「大禮議之爭」。「大禮議之爭」是非常典型的老闆與專業經理人之爭。楊廷和等重臣擁立嘉靖皇帝登基，但是要求他放棄自己的親生父母名號，改稱要讓嘉靖認明孝宗為生父以繼承大統。嘉靖皇帝年紀雖小，知道這事不簡單，表示礙難照辦。嘉靖皇帝是老闆，想怎麼幹都行。楊廷和是專業經理人，老闆這麼幹不符合體制，萬萬不可。中間好幾個來回，互有勝負，但皇帝只有一個，最終迫使內閣首輔楊廷和致仕，專業經理人敗北。從最終結果來看，兩方都是輸家，明朝從此失去與漢唐一樣輝煌的歷史機遇。

另一位差點被歷史遺忘的高手楊慎粉墨登場，大家對他或許不熟，但是對《三國演義》這首開卷詩肯定很熟。

滾滾長江東逝水，浪花淘盡英雄。
是非成敗轉頭空。
青山依舊在，幾度夕陽紅。
白髮漁樵江渚上，慣看秋月春風。
一壺濁酒喜相逢。
古今多少事，都付笑談中。

——楊慎〈臨江仙〉——

如果你感覺自嘆不如是當然的。人家可是正德六年全國的高考狀元呢，可惜歌紅人不紅。他的父親是前任首輔楊廷和，爹是英雄兒好漢，老爸走了，兒子接著幹。

嘉靖三年，楊慎在左順門組織了一場對嘉靖皇帝最大規模的抗議行動，嘉靖皇帝很直接，二話不說，全體廷杖伺候。一起被打屁股的有一百多人，重傷斃命者十數人。楊慎等首謀，據說又在十天後被招待了一輪回籠棍，流放雲南。他老兄下崗之後可沒有閒著，繼續讀書，著作等身，列名明代三大才子。遊山玩水之際，順手寫下了以上人生感言順便打卡。這首對生命深刻理解與咀嚼後的真言，如果沒有羅貫中，也會在滔滔江水中淹沒。

臨終云：「臨利不敢先人，見義不敢後身」。

老鳥真心話

天無絕人之路。

覺得自己撐不住時，只要看看歷史上這些傳奇人物，就覺得自己真是小鼻子，小眼睛。能撐到讀這一章，代表你應該是僅存的抽象思考世代。珍惜自己能從歷史學習教訓的能力，才不會辜負前人為我們演出的跌宕起伏、悲歡離合。

人生不如意事十常八九，其實是低估了。專業經理人跟老闆意見相左時最容易失眠，或者在睡夢中還在處理工作上的事，那時腦力其實並不好，覺得亂七八糟，醒來一身冷汗，幸好只是夢境。

我建議的處方是看看歷史書，好比司馬光的《資治通鑑》，或者是黃仁宇《萬曆十五年》等等。要不下載一些APP，看些輕鬆的歷史故事得到一些啟發，好比《明朝那些事兒》。

宮廷劇可以看，但是不要太迷，主要是太花時間。推理小說一定要仔細看，尤其是日本作家東野圭吾系列。武俠小說看門道可選金庸，看熱鬧只需看古龍。我當然是看熱鬧而已。藉別人的生命經驗學習，一向是成本效益最好的。

真的想清楚，痛苦的並不是選擇本身，而是無法選擇的事實。專業經理人要學習著做一個無法選擇也能泰然自若的人，如果怕自己精神分裂，王陽明已經教我們了，知行合一。

是左是右

張居正與海瑞的時代是重疊的，他們都處在萬曆年間。但是一個是少年得志，二十二歲進士及第，一個是中年才勉強進了仕途，三十六歲勉強中了舉人，處理君臣問題方法卻正好是兩個極端，極具參考價值。

張居正剛進官場時也並不好搞，當時是權臣嚴嵩當家。他隱忍周旋，終於在嚴嵩倒臺，繼高拱之後華麗登場。

他是萬曆皇帝朱翊鈞的老師，從小就把小萬曆管得服服貼貼。加上本人也是帥哥級別，萬曆的寡婦媽媽也對他恩寵有加，坊間軼聞野史多有記載。張居正居首輔十年，銳力革新，明朝因而頗有中興之相。他的豐功偉蹟各位在歷史課本裡都背過，一條鞭法、考成法等等，堪稱有遠見又有創意。

張居正公開的說：「我非相，乃攝也。」萬曆聽聞不知道做何感想。

他的返鄉專車配備是六十四人大轎，有廚房、有洗手間、聲控人工智慧駕駛，完全是自動導航。死後不到兩年，抄家。家人株連，下場極為悲慘。

張居正是一個非常典型的人生勝利組，完全符合本書的成功人士發展模型。他自己的一生可以說是揮灑得淋漓盡致，古今為人臣者絕對是登峰造極，無出其右。但是他死後帶給家人的不幸下場，應該也是「龍戰於野，其血玄黃」的最佳詮釋。

***

海瑞四十一歲才混到第一個職缺，福建南平縣教諭，算是基層公務員，沒有級別。四年後升為七品浙江淳安知縣，為官清廉到驚天地，泣鬼神，他一介不取，旁邊的人當然也是油水全無。有一次因為母親生日，他到市場打算買兩斤肉，一時粉絲大驚，紛紛討拍，官場震動。他每到一個任所，官員無不期待著他早日高升，貶官是不可能的，他的表現一路都是「特優」。

嘉靖二十一年，一群宮女冒著殺身之禍，竟想在深夜將嘉靖皇帝勒死，可見她們對朱厚熜的痛恨，最後雖然失敗，但卻讓嘉靖皇帝受到了不小的驚嚇，歷史上稱「壬寅宮變」。壬寅宮變後，嘉靖從此遠離女色，搬至西苑潛心研究道教，為成仙做準備。

嘉靖四十四年，這位奇葩皇帝創下當時不上朝天數記錄，大概已經二十幾年，每天還在創新高。終於海瑞進京了，好戲上演。既然進了京城，自然就要大展身手，幹點實事。目標是嘉靖皇帝，呈上疏奏之前，海瑞已經準備好一口薄棺，交代好後事。

如果讀過那篇千古奇文〈直言天下第一事疏〉，你不得不佩服嘉靖皇帝，竟能忍住沒立刻殺了他。特別摘錄一小段客氣點的部分：戶部雲南清吏司主事臣海瑞謹奏：為直言天下第一事，以正君道、明臣職，求萬世治安事：「天下之人不直陛下久矣，內外臣工之所知也」。翻成白話文就是皇帝老子您確實也太混了，這事情全天下的人都知道，朝廷裡的文武百官也都心知肚明。

「夫君道不正，臣職不明，此天下第一事也。於此不言，更復何言？大臣持祿而外為諛，小臣畏罪而面為順，陛下有不得知而改之行之者，臣每恨焉。是以昧死竭忠，惓惓為陛下言之。」

當皇上的不好好上朝，當臣子的不知道幹些什麼，這是全天下最扯的事。我連這件事都不敢說，還能說些什麼呢？這些肥貓高幹們只會領高薪，拍你的馬屁。小公務員為了混口飯吃都順著你的毛摸。皇上你自己搞不清楚自己該幹什麼，我實在氣到不行了，老命一條豁出去了，希望你聽得進去。

嘉靖皇帝水平不一般，「其欲為比干，朕豈能為紂王乎？」死罪可免，活罪難逃，牢裡待著去吧。

嘉靖皇帝駕崩時，海瑞在大牢裡大哭一場，單口相聲很難，海瑞知道。

罵過萬曆皇帝的爺爺，謹守聖賢之道，大小事完全是跟同事領導對著幹，皇帝用他也不是，不用他也不是，軟硬不吃。在死前最後的遺言是交代僕人，前幾天兵部送來的柴火錢，多給了六錢，務必歸還。

「舉朝之士，皆婦人也」，這是他對滿朝文武的最後評價，真是絕不嘴軟。海瑞的一生只認一個道理「聖人之道」，把自己，天下人，包括高高在上的皇帝都拿到同一個天平上衡量。有沒有道理是一回事，如此任性，但是他堅持了一輩子，清白一生，確實也是千古一人。這樣的一位奇人異士如果是你的同僚或是部屬，應該都是一個頭痛人物吧。

讀書人一生讀聖賢書，究竟是學習張居正還是海瑞？典型在宿昔，思之卻覺得茫然。猶如站在一條數線，往右看，是無窮遠的一邊站著張居正；往左看，另一邊的無窮遠處站著海瑞。你我也站在這條數線的某處。你是向右還是向左走呢？

老鳥真心話

何去何從，常常是知識分子在職場的最大困擾。

有部好萊塢電影《郵報：密戰》(*The Post*)，談的是華盛頓郵報在上世紀七〇年代的故事。新聞自由與人民知的權利是一個現代有趣的話題，最高法院法官以六比三的比數，判定郵報與紐約時報將五角大廈內部文件揭露並未違憲，當時的尼克森政府以國家機密為由敗訴，之後尼克森更因「水門竊聽案」黯然下臺。

梅莉・史翠普 (Meryl Streep) 飾演的報業老闆，面對抉擇的當下，有一句臺詞「報紙是歷史的初稿」，讓我悚然一驚，原來歷史猶如連續劇一樣，最後打出來的字幕是「待續」。

知識分子在這種社會氛圍下，如何定義自己在歷史中的角色？西方學者的解釋是「知識分子始於觀點，終於觀點」，中國傳統士大夫應該頗難苟同。「為天地立心，為生民立命」是讀聖賢書的處世胸懷，以「為往聖繼絕學」為思想傳承，「為萬世開太平」才是士子的終極目標。東西方對知識分子的定義殊異，結果頗堪玩味。

撫卷一嘆，書生畫地自限的窘境於今為甚。書生豈能只談風月、清談觀點而已？

小到中午買便當還是吃快餐，或者今天買料還是明天買料，大到今年是撐到領完年終才跳槽還是馬上走，每天每週每月我們都在抉擇。想想這些問題還真的是芝麻綠豆。職場上不開心的時候，讀讀歷史書，看看古人怎麼面對人生裡的難堪，保證有效。

是真是假

明朝冤案的排行榜第一名袁崇煥就是犯了這個致命的錯誤。袁崇煥二十三歲中舉人，四次上京赴考，第五次皇天不負苦心人，奮鬥十餘年，萬曆四十七年以三甲第四十名考上進士。隔年才分發到福建邵武縣，據說在武夷山旁邊。

天啟皇帝，明熹宗朱由校就是那位特別喜歡做木工的達人，東林黨與閹黨的鬥爭在這個階段完全白熱化。明末文官集團特別強大難搞，看張居正的專權與海瑞的天地無畏即見分曉，閹黨事實上就是皇帝的白手套。

努爾哈赤崛起東北，明軍屢戰屢敗。命運的安排常常讓人難以捉摸，天啟年間，袁崇煥鎮守遼東，以守為攻連戰皆捷，氣死努爾哈赤，總算擋住新興的游牧民族。

崇禎二年，努爾哈赤之子皇太極改變戰略，繞過山海關，經蒙古，從北邊入侵，直撲北京。袁大帥率領當時明軍關寧鐵騎，跟著皇太極後面繞著北京的六環，跑了五天就是不進攻。崇禎皇帝在紫禁城的鐵桶內，你覺得他是怎麼想的？

一南一北，袁大帥鋼鐵部隊紮營在北京城南邊，隔天皇太極大軍抵達，紮營在北京北邊。是人都覺得袁崇煥叛變了，只有他自己覺得自己忠心耿耿，日月可表。還跟崇禎表明要大軍進城保衛京師。你是崇禎你會怎麼想？

敵人還在城外，袁崇煥就被拿下。北京解圍，戰功不論，第一個辦的就是北京超馬冠軍袁崇煥，解職聽勘，就是留校查看的意思。但是他最後還是以叛亂通敵的罪名，被凌遲處死。那怕過去戰功無數，護國有功，一次錯誤就可以把他推下懸崖。沒有一個同僚為他說話，行刑路上，萬民唾罵。

——袁崇煥〈凌遲行刑前遺言〉——

一生事業總成空，
半世功名在夢中；
死後不愁無將勇，
忠魂依舊守遼東。

袁崇煥的錯誤在哪裡？

所有的老闆都是人，人性裡都有一個最不可以碰觸的地方，崇禎不可以碰觸的地方就是「疑」。他的生命經驗是九死一生走過來的，靠的都是他自己，他沒有可以信任的人，不管是男人還是女人。崇禎在位時間十七年，內閣來來去去，換了又換，跟走馬燈一樣。

這種老闆的特色是功勞愈大，他對你愈不放心，風吹草動之下，袁崇煥成了第一個，不是最後一個犧牲品。通常職場上爾虞我詐，但是還不至於被老闆出賣，崇禎倒是幹了好幾次這種出乎常人意料的事。

老鳥真心話

有一個人你千萬別跟他開玩笑，那個人就是你的老闆。

專業經理人忙了一輩子，學習了職場上所有的求生技能，周旋之術，在業界也彷彿說風是風，說雨是雨。慢慢你甚至可以跟老闆一起大口喝酒、大口吃肉，稱兄道弟，笑談天下大事，盡在掌握之中。

錯了，老闆有一件事是你沒有機會參與的，就是發薪水。簡單的說那是他的身家性命，於你我只是一家溫飽。他的苦處，你我可以想像，但是絕對難以完全體會。

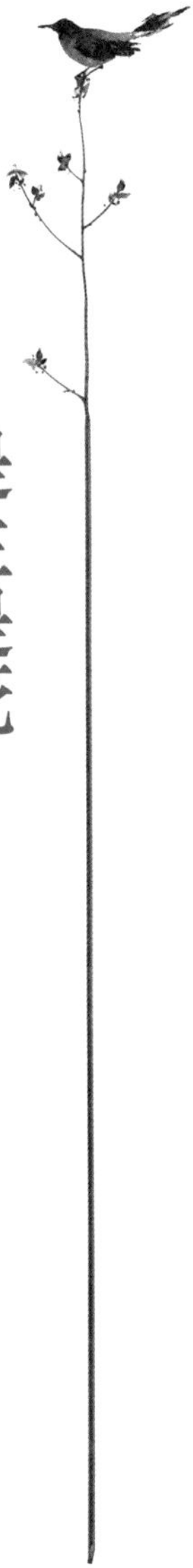

是生是死

崇禎皇帝朱由檢，這皇帝從小就很悲慘，在家暴的家庭長大。他的母親被他的父親明光宗殺了，由其他的庶母養大。哥哥明熹宗死得莫名其妙，十八歲時天上掉下來一個大餡餅，旁邊一群豺狼虎豹，為首的是歷史排名第一奸佞魏忠賢。

這位老兄沒有機會閱讀本書，完全是靠自學方案理解職場人性，只能說天才不是教出來的。三下兩下就把老奸巨滑的魏忠賢及黨羽們收拾乾淨，真是英雄出少年。

一生勤苦治國，卻錯殺袁崇煥，自縊煤山，留下千古最扯遺言「朕非亡國之君，汝皆亡國之臣」。自我感覺良好，卒年三十五歲。崇禎並不是昏君，為什麼他要殺掉袁崇煥？更玄的是，李自成兵臨北京，可以跑的時候，他為什麼不跑呢？

北京城破之際，崇禎向群臣募資籌餉，竟然沒有臣子要借銀子給他，連他岳父都不肯借。海瑞言語雖然刻薄，卻也說明了明朝文官與皇權的信任度極低。死後送葬時的文獻記載如下：「諸臣哭拜者三十人，拜而不哭者六十人，餘皆睥睨過之」。

那麼崇禎果真是一無是處的老闆嗎？他其實是明朝非常認真負責的皇帝，每天上班，不領加班費，沒有年終獎金，天天搞眾籌，搞到第N輪。在位十七年，沒有一年太平日子。自盡前遺書如下：「朕自登極十有七年，薄德匪躬，上干天咎，致逆賊直逼京師，然皆諸臣之誤朕也。朕死無面目見祖宗於地下，自去冠冕，以髮覆面。任賊分裂朕屍，勿傷百姓一人。」

——孔尚任〈桃花扇〉——

高皇帝在九京，不管亡家破鼎，
那知他聖子神孫，反不如飄蓬斷梗。
十七年憂國如病，呼不應天靈祖靈，調不來親兵救兵；
白練無情，送君王一命。
傷心煞煤山私幸，獨殉了社稷蒼生，獨殉了社稷蒼生！

面對明末死局，除了嘆息，還是嘆息。

老鳥真心話

功高不能震主。

想要當老闆，就要有傾家蕩產的心理準備。跟革命一樣，不是喝酒吃飯的事而已。專業經理人酒量要比客戶好，但是要比老闆差。把老闆灌醉讓他出糗，讓老闆下不了臺看他笑話，是極其白痴的行為，切記。

你很玻璃心，老闆也是，別輕易碰觸。部屬把老闆當白痴加上老闆把部屬當工具的行為，雙方都不會有好下場。

孟子告齊宣王曰：「君之視臣如手足，則臣視君如腹心；君之視臣如犬馬，則臣視君如國人；君之視臣如土芥，則臣視君如寇讎。」如此而已。

俺曾見金陵玉殿鶯啼曉，秦淮水榭花開早，誰知道容易冰消。
眼看他起朱樓，眼看他宴賓客，眼看他樓塌了。
這青苔碧瓦堆，俺曾睡風流覺，將五十年興亡看飽。
那烏衣巷不姓王，莫愁湖鬼夜哭，鳳凰臺棲梟鳥。
殘山夢最真，舊境丟難掉，不信這輿圖換稿。
謅一套哀江南，放悲聲唱到老。

——孔尚任〈桃花扇〉——

第八章

群龍無首

人生有如衝浪，有時站在岸邊，有時進入浪裡。時光漫漫，無始無終，我們習於把自己的人生切割成許多段落，這是開始，這是結束。然後在開始與結束間尋找所謂意義。人生其實不大像一部剪接好的電影，比較像一張張的 snap shot，拍了一堆存在記憶裡，真的認真剪輯，剪輯不了幾分鐘。除了一路風景，有趣的還是照片裡的自己和旁邊站著坐著的人。既為風景也是背景，我們的人生因而不會寂寞，有了給我們難關的客戶，同事甚至敵手，這場博弈因而完整而精彩。

群龍無首，成敗無妨，皆為我用。是敵是友，同是貴人。或高或低，安然自在。

二〇一九年春天

中國共享單車兵敗如山倒，江湖又現新局。

一守則一　賽局是否精彩有趣，跟我們一起比賽的隊友或對手絕對有關。

最近雨下得很頻繁，記憶中冬天似乎沒那麼多雨水，乾冷似乎比較像冬天的表情。

陸劇《軍師聯盟》，一齣以司馬懿為主軸的歷史劇。劇情起伏，穿針引線的人性掙扎，士子為理想選擇肝腦塗地，即使是楊修才華過盛，從容赴死的坦然無畏也讓人動容。如果沒有司馬懿和楊修的幾場較量，這場戲也許就沒什麼張力。人生之跌宕起伏除了自身的運籌帷幄，也來自一路上的戰友或敵人的糾纏。

棋局要有對手盡全力與你周旋，也許還需要旁邊觀棋不語的君子，和說三道四的路人甲乙。我則寧願是一個記錄者，看英雄豪傑來來去去，而於我成敗無關。

雨也與我無關，因此欣賞雨中仍能「一蓑煙雨任平生」的瀟灑，蘇子「也無風雨也無晴」究竟是一種怎樣的心境呢？

看看外面的雨，雨還是繼續下著。而平凡怯懦如我，還是在乾爽之地繼續賴活著，也許該走入雨中，不該讓多情的雨聲，在我們的心中只留下無奈的淅瀝。

有些零星想說的話就放在最後，像是準備下山的旅客，留下幾瓶礦泉水，幾包泡麵以待有緣人。盡情取用，最後請帶垃圾下山，無論是別人留下來還是自己產生的，留給大地一片綠水青山。

也許再下一盤吧……

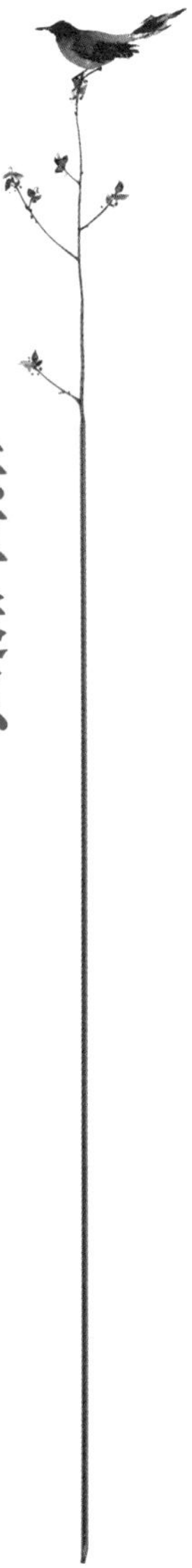

共享迷思

我想起了「胡阿姨」。

見到胡阿姨，她很少見的穿著中式改良式旗袍，顯露出風格婉約的特色。初見時她和我互相交換了一個眼神，她眼裡的意思是：「你知道我是誰。」我的眼神是：「妳也應該知道我是誰。」

晚餐在上海宜山路的本幫菜餐廳，我很仔細的聽她想做什麼？也很乾脆的決定支持她的夢想。人因夢想而偉大，「萬一夢想成真了呢？」馬雲說。

共享單車在這幾年內迅速崛起，這兩天看到她卸下了CEO頭銜。眼看她起高樓，眼看她宴賓客，眼看她樓塌了。春夏秋冬，成住壞空，澈底走了一輪。

如果再碰到胡阿姨，我想我還是會問她當時的問題：「妳想好妳的退場機制了嗎？」

我還記得她當時的回答：「我還年輕啊！」

「如果到時候民眾的道德法律素養不好怎麼辦？」我接著問。

「我願意相信中國老百姓的素質會不斷提升。」

當時我對她的答案並不是很滿意。今天看著大城市一路傾倒的各種顏色單車，想想還是有些惋惜。依然欣賞可以催眠周圍的人，做相同的偉大夢想的先行者。只是這個夢想要付出什麼代價？日後是否問心無愧？

老鳥真心話

留下時間給自己跟所愛的人。

忙了大半輩子，多數時間在為家人忙、為老闆忙、為客戶忙、為愛情忙、為事忙、為錢忙，以風火輪般的速度奔向人生終點。

不確定終點有什麼等著你，但是很確定沒有你現在追求的會在終點迎接你。不會是至親至愛的家人，不會是氣指頤使的老闆，不會是論斤論兩的客戶。多半只是個時光地圖上標示不清的驛站。

名片的意義

俗話說：「樹大好遮蔭」。確實大樹枝繁葉茂，資源豐富，也確實比較蔭涼。但是「林大鳥就多」，鳥多也代表鳥屎多，你一直站在樹下也不成，必須努力站在比較高的枝椏上。但是總有你要飛出去的時候，帶著一身光潔亮麗的羽毛，拿出你的名片。我特別想提醒一件事，就是那張薄薄的名片。

在職場的時間久了，遇到第一次見面的客戶我們很習慣的會遞上名片，久而久之沒有名片好像會渾身不自在。拿大公司的名片連買車也不一樣，推銷員都不好意思帶你去看一百萬以下的車子。這是本人親身經歷。

但那只是張名片。名片無言，千萬別騙自己。如果沒有那張名片，你也許什麼都不是。我真的試過穿短褲、藍白拖，騎著單車去看預售屋，完全沒人理我。有這張名片，你穿上了國王的新衣；沒有了名片，你赤身露體，於是你真正認識了自己。也許你會想，那我就有這張名片啊，不用白不用啊。重點是名片會讓你變遲鈍了、傲慢了、虛偽了，更可怕的是你會看不清楚事實。

我們也不應該看客戶的名片來決定如何對待對方。為什麼？就當做是家庭作業吧。

那名片到底有什麼用呢？它只是你在別人面前，工作品質與專業表現的最低指標。當這張名片交到對方手上，對方不管是客戶或是供應商，一定會啟動內心的判斷管理機制，決定如何應對。你首先必須觀察當時情況，要以何種角色發言，適切的呈現你自己。讓自己超出名片上那幾個字的價值，是一種職場上的功課。

沒有了名片，你依然是自己嗎？

你想要成為名片上的你，還是讓名片只是你可有可無的配飾，配飾也許是低調的奢華，沒有配飾，人必須依舊有自己的風采。風采來自讀過的書，是否內化成你的氣質與觀點；看過的電影，是否擴大了你的格局視野與生命經驗；經歷過的職場點點滴滴，是否塑造了生命的高度。

那麼那些多年累積下來的幾百張，幾千張名片的意義是什麼？有些名字你也許記得，大部分的名字你已經忘記。就算記得，那張名片的主人也許不在那家公司，甚至公司都不復存在。

最終有一天，你我都會成為沒有名片的人，也不再需要名片。

老鳥真心話

珍惜旅途上的點點滴滴。

像是跋涉了千山萬水的遊子，回到故鄉還是家鄉的水甜山美。是白忙一場嗎？

如果沒有那些崎嶇的山路，詩歌無法吟詠，遠方也只能在夢境。

但是最可惜的恐怕是，沒有辦法遇到這些精彩的同行與知己，山水的樂趣在有人可以在當時與你共遊，並且日後可以細數當年。比較深的一個疑問是，自己是不是可以闖過一座座阻絕於前的高山？跨越一個個職場錯落的陷阱？

鐵哥兒們

決定到中國工作，那年五十五歲。距離離開研究院那個舒適圈正好二十年。我又到了北京。

我想起一個在英國讀書時的同學「楊思翰」，當時知道他是官派出來留學的，年紀比我們大幾歲，文革時在青海蔚藍的天空下放了十年羊。他跟我說起放羊的事情時，完全不是悲情的口吻。不同的人遇到相同的難處，有人可以雲淡風輕，有人卻一輩子耿耿於懷。

常常三四個同學一起做飯，楊手藝不錯，說他在北京家裡也常做飯，我們起初也將信將疑，一頓飯下來，我和香港同學都心服口服。每個週末三人一起去買菜，楊思翰說什麼，我們買什麼，他負責做飯，香港同學當下手幫忙，我只能負責洗碗。兩岸三地在倫敦的廚房裡合作十分愉快，每次希臘同學聞香而至，想知道怎麼做的紅燒蹄膀，我都指著楊：「Chinese Kongfu」。

一九九八年冬天到北京入網測試。那年冬天，楊思翰一大早從他月壇南街的宿舍，送我去長安大街民航大廈，搭大巴去北京首都機場，從香港轉機回臺北。

他跟同事借了一輛單車，把我的皮箱綁在後面，一人一輛騎在清晨的霧色中，那個畫面我始終記得，天色將亮未亮，我的心一點都不覺得冷。在那一剎那，我明白他跟同事說我是他的「鐵哥兒們」是什麼意思。跟鐵馬有關。那次之後，我都叫他「大哥」。

在離開前兩天，他問我去過長城沒有？我說才第一次來北京，天安門都不知道在哪兒呢。他說一般人都是到八達嶺，咱們去居庸關吧！比較適合你的性格。我這一生最怕人多，跟別人走同樣的路。他還記得我們逛倫敦時我喜歡鑽小巷偏弄，總是避開觀光客常去的景點。去學校時別人規規矩矩的走規劃好的林間步道，我總是喜歡穿過草原自覓蹊徑。有時會迷路或繞了一大圈回到原點，那時還留著一頭長髮，佯作好漢。

他說：「那我整輛車，咱們開車去。」

「你會開車？」

「剛學，試試！」

他於是跟同事借了輛福斯，從北京匡噹匡噹的開到居庸關。車子很破，沒有暖氣，冷氣自動從車子的縫隙進入，一路把我冷的。

「過癮吧？」他還一路問我。

「同學，你真行。」

幾年後我帶著老婆和女兒們到北京。

「這回咱們有車了。」他剛買了寶藍色的 Mazda M3。

「難得，我們走遠點，去大同雲岡石窟，很近的，五百公里。」

「來回？」我問。

「單趟啊。回程我帶你們去看古驛站。」

女兒到現在都記得這位楊伯伯，一路飆車穿過草原，一天來回撞死了不少紅色的蜻蜓。記得在黃昏時到達古驛站，他看得很仔細，也跟我說得很仔細，這裡是放糧食的，這裡是養馬的。我彷彿有一種錯覺，曾經他帶過我打仗，就在這個古驛站。

我們一起守過居庸關嗎？

他跟我說過一句話：「哥兒們，你有事找到我，我拼了老命也會幫你。」因此我從來不曾開口。他送了我一瓶茅臺，無論是誰我都不讓喝。直到有一天，紅樓的哥兒們聚會，大家一人一杯，他們喝下去的是酒，我喝下去的其實是我的青春。

老鳥真心話

我把所有人喝趴下，就是為了和你說句悄悄話。（江小白❶廣告詞）

江湖上行走，有一種酒你只能跟一種人喝，懂你又完全沒有利害關係的人。就是你喝了會醉那種。

❶中國高粱酒品牌，以獨特的包裝與行銷手法聞名。

相逢終有路

到一家上海的新創網路視頻公司談技術合作項目，對方談的是一個三十歲左右的年輕人，極有自信，起承轉合，把公司的技術實力與市場狀況非常精鍊的說了一遍。公司核心技術是處理視訊延遲的關鍵問題，深入淺出的講了一個小時，沒有廢話。

公司是非常典型的新創格局，牆上卻有幾句孔老夫子古語。挺衝突又挺協調。其中一句「周而不比」我佯裝不解，他還挺貼切的解釋了一下。

這樣的年輕人在這裡很多，長江後浪推前浪，在此地就是事實。

下午到另一家完全不一樣的公司，格局極狹隘，十幾個人窩在大廈九樓的一角，牆上是老闆自己的塗鴉，文青風格有模有樣。已經創了三次業，最近這一次是暗黑產業，**APP**剛剛被蘋果下架，因為涉及情色。開發的軟體架構與後臺管理功能極為完備。投資者的錢跟自己的錢燒得差不多了，媽媽問他在做什麼都不好說。說這話時一邊尷尬的笑著，好像一個考試作弊的孩子。年輕老練，誠懇風趣，這一波網路打黑打黃被掃到，計畫轉型，於是跟國外回來的朋友開了個熱狗店。等待下一個浪。

最後來了一位臺灣人，在中國也十幾年，從事電子零件代理市場行銷，經歷過一些人與事，略見滄桑，尋找回臺北的機會中。我問了他聯發科物聯網一顆晶片的價格，他一時回答不出，答應晚點回我。

三個年輕人，我唯獨為同鄉感到擔憂。這一波浪，臺灣年輕人準備好了嗎？

老鳥真心話

勇敢追夢。

追逐夢想一直是一條崎嶇不平的路。相信自己的直覺有時候也是痛苦的選擇，但是生命的尊嚴體現跟革命一樣，本來就不是穿衣吃飯。小心謹慎的定義自己的成功，人貴自知。

學習聆聽心中的聲音，寫下這些文字，給這身臭皮囊一些交待，這就是對自己小小的堅持，也許你不需要跟我一樣狼狽，如果你能聽見遠方下雨的聲音。

在列車失速抵達終點之前。

人間盡青山

臺北臨夜時下了一場急雨。

一向我喜歡雨天，聽說喜歡雨天的懶人居多，別人不知道，我則的確是個懶人。偏偏懶人老天不會替你買單，三十幾年竟難得閒適忽悠過日，然而我必須學會快速的藏進周邊的風景中，驟雨裡歇息，取得片刻的寧靜，讓真實的自己可以呼吸，猶如此刻。

佛曰定。我曰享受無常。莫道青春無限好，人生難得是未央。聽雨僧廬，鬢已星星。

此生為人，但是我像個人嗎？或者說人到底是什麼？我下一生願意繼續為人嗎？如果不是，我想要變成什麼呢？

我可以是一棵公園的楓樹嗎？下方一張長椅，供行人來去歇息，默默觀察猜測他們的人生。鳥兒在頭頂的枝椏築巢，聆聽牠們嘰嘰喳喳的無聊心事。白雲偶爾跟我聊天，大雨在盛夏突然拜訪，而我可以一逕無言，做一個最好的聽眾。人們想起我時，會說那真是一棵善於聆聽的好樹啊！

然而我畢竟不是一棵樹，我還有一種表達自己的欲望與衝動，這種源於自大的表現欲必須有所宣洩。

多數時候我們是被外界的事物驅動的，尤其是思考的部分。外界有了變化，內心產生對應的動作或不動作。無計可施時也許就靠本能，或者佛家所言無始以來的習氣對付，這時候貪嗔癡極容易現形。有人選擇宗教做為精神的庇護所，凡人如我用自己的方式思考走到相似的結局。解決問題是要靠具體的行動還是消極的不行動？

每天要刻意的留下一些時間給自己，獨自午餐、不要開車、搭大眾交通工具等等。沒有時間到異國自助旅行，就讓自己在家與辦公室之間心靈旅行吧。

學佛以來，對無限生命這件事開始多了些思考。如果真的有前生，那我應該也在動物界澈澈底底走了無數輪迴，十二生肖走遍不說，螞蟻、蝙蝠、蜜蜂、蒼蠅之類，也許也歷經風霜雨雪。最近讀胡蘭成的《今生今世》，文中常常出現一些讓我驚訝的描述。諸如「人生一世，草木一秋」。讀之不覺悚然一驚。

有些平凡又簡單的事，在不同年齡有層次深淺不同的體會。初老之際，人生愛恨別離逐漸不再過心，是麻木也罷，是看透也罷，所追求者也就是一飯一茶，一場好覺。

見山又是山，見水又是水。雖壞也是不壞，雖空亦是非空。模糊之美漸能欣賞，也是秋葉如我的人生功課吧。於是物我兩忘，各自成章。成佛需在紅塵，善知識所言不虛。

寫作是一種自我驅動式的心靈旅行，一則可以看到心靈的難以駕馭，再則會發現自己的隱晦祕境。寫作是一種如打坐般的行為，具體的產出是你的心靈透過文字與外界的對話。

有時候看著這些文字，會看到一個幾經風雨的靈魂，有時候會看到自己都很陌生的自己。這時我會想著，寫作其實也可以是一種修行。行萬里路勝讀萬卷書，寫千字文也勝過誦千字經嗎？但願如此。

無論故事再如何精彩，訴說的人也只能給一個輪廓或感受，最終的酸甜苦辣還是冷暖自知。你會有自己的故事，留給你想傾訴的人，如果那時你可以想起我，那就是我最大的幸福了。

老鳥真心話

對一切懷抱感謝。

堅持有時是一種妄念，人生與職場一定有高低起伏，留白沒什麼不妥。老實說生命有點餘韻，留待真正懂事時品味也挺好。本書不具備正能量，只是一個老工程師的生命回顧，更貼切的說只是職場老兵的行軍紀錄而已。寫下自己的心路歷程，給來者留下一些線索，脈絡存乎一心，面對困局時談笑間從容以對，也許可以幫助一些也像青苔般頑強的年輕人。

世間充斥著正能量，於我們可能是安慰劑而已。人活到某個年紀會覺得諸事皆不可為，也會覺得諸事可以不為。這時候所有大事似乎也不是大事，小事更何足掛齒。快樂是自己找的，煩惱痛苦同理可證。人貴自知，安心做個柴米油鹽的平凡人，是不是一種墮落呢？或者也是，但是想想也就是想活出一點真實。

人漸初老，明白自己這一生得之於人太多，靠自己的部分太少，您看見這些文字，因為您就是那個我需要深深感謝，卻沒機會好好說的人。

感謝有您。

悟

掙脫繩索以為是一種自由，
歲月荏苒，終於明白，
業果是一絲無形的牽絆。
無處可去的我，
依然難以逃脫無常一抹輕笑的掌握。
任性聽雨如昔。

——蔣捷〈虞美人．聽雨〉——

少年聽雨歌樓上，紅燭昏羅帳。
壯年聽雨客舟中，江闊雲低斷雁叫西風。
而今聽雨僧廬下，鬢已星星也。
悲歡離合總無情，一任階前點滴到天明。

人生兩好球三壞球：翻轉機會／命運，做自己的英雄

林繼生／著

我們都毫無疑問地是自己生命故事的主角，
也是這個故事中最佳且唯一的英雄，
而真正能夠主宰自己生命的人，
只有那些不論遇到任何艱辛困阻，
也要堅持做自己的人！

本書結合電影、文學等素材，提供年輕學子在認識自我、人際關係、夢想與面對未來等方面的人生指引，文字淺顯易懂，讀者可從中獲得正向積極面對未來的智慧與勇氣。